印前处理和制作员职业技能培训教程

柔性版制版

中 国 印 刷 技 术 协 会
上海新闻出版职业教育集团　组织编写

中国轻工业出版社

图书在版编目（CIP）数据

柔性版制版 / 中国印刷技术协会，上海新闻出版职业教育集团组织编写 . — 北京：中国轻工业出版社，2023.5

印前处理和制作员职业技能培训教程

ISBN 978-7-5184-3731-3

Ⅰ . ①柔… Ⅱ . ①中… ②上… Ⅲ . ①苯胺印刷—印版制版—技术培训—教材 Ⅳ . ① TS873

中国版本图书馆 CIP 数据核字（2021）第 228111 号

责任编辑：杜宇芳 责任终审：劳国强 整体设计：锋尚设计
策划编辑：杜宇芳 责任校对：宋绿叶 责任监印：张 可

出版发行：中国轻工业出版社（北京东长安街6号，邮编：100740）
印 刷：艺堂印刷（天津）有限公司
经 销：各地新华书店
版 次：2023年5月第1版第1次印刷
开 本：787×1092 1/16 印张：11.25
字 数：280千字
书 号：ISBN 978-7-5184-3731-3 定价：59.80元
邮购电话：010-65241695
发行电话：010-85119835 传真：85113293
网 址：http://www.chlip.com.cn
Email：club@chlip.com.cn
如发现图书残缺请与我社邮购联系调换
190143J4X101ZBW

印前处理和制作员职业技能培训教程
编写组

一、编写机构

1. 组织编写单位

   中国印刷技术协会、上海新闻出版职业教育集团

2. 参与编写单位

   上海出版印刷高等专科学校、山东工业技师学院、东莞职业技术学院、杭州科雷工业机电有限公司、上海烟草包装印刷有限公司、中国印刷技术协会网印及制像分会、中国印刷技术协会柔性版印刷分会

二、编审人员

1. 基础知识

   主　编：王旭红

   副主编：李小东　龚修端

   参　编：李　娜　魏　华

   主　审：程杰铭

   副主审：朱道光　姜婷婷

2. 印前处理

主　编：文孟俊

副主编：金志敏

参　编：盛云云　刘金玉　潘晓倩　刘　芳

主　审：程杰铭

副主审：朱道光　姜婷婷

3. 平版制版

主　编：田全慧

副主编：李纯弟

参　编：李　刚

主　审：程杰铭

副主审：朱道光　姜婷婷

4. 柔性版制版

主　编：田东文

副主编：陈勇波　吴宏宇

参　编：霍红波　李纯弟　殷金华

主　审：程杰铭

副主审：朱道光　姜婷婷

5. 凹版制版

主　编：肖　颖

副主编：淮登顺　马静君

参　编：许宝卉　施海卿　苏　娜　郝发义　张鑫悦　宁建良　韩　潮

　　　　刘　骏　裴靖妮　石艳琴　汪　伟　陈春霞

主　审：程杰铭

副主审：朱道光　姜婷婷

6. 网版制版

主　编：纪家岩

副主编：高　媛　王　岩

参　编：宋　强　张为海

主　审：程杰铭

副主审：朱道光　姜婷婷

　　"印前处理和制作员"是2015年颁布的《中华人民共和国职业分类大典》中的职业工种之一。印前处理和制作是整个印刷工艺流程中的第一道工序，对印刷品质量的控制起着关键的作用。依据中华人民共和国人力资源和社会保障部颁布的《印前处理和制作员国家职业技能标准（2019年版）》中对不同等级操作人员的基本要求、知识要求和工作要求，并结合国内外印前处理和制版的新设备、新技术、新工艺、新材料，中国印刷技术协会组织编写了印前处理和制作员职业技能培训教程。本套教材分为《基础知识》《印前处理》《平版制版》《网版制版》《柔性版制版》《凹版制版》六部分，以职业技能等级为基础，以职业功能和工作内容为主线，以相关知识和技能要求为主体，讲述了行业不同等级从业人员的知识要求和技能要求，通过学习，受训人员不仅能掌握印前处理技术的职业知识，还能提高专业技能水平，为职业技能等级的提升打下良好的基础。

　　印前处理和制作员职业技能培训教程的编写得到了上海出版印刷高等专科学校、中国印刷技术协会网印及制像分会、中国印刷技术协会柔性版印刷分会、杭州科雷机电工业有限公司、上海烟草包装印刷有限公司、山东工业技师学院、东莞职业技术学院、运城学院等单位的支持和帮助。

　　《柔性版制版》培训教材针对初级工、中级工、高级工、技师、高级技师等不同等级工种的职业功能和工作内容要求，全面涵盖了国家职业技能标准中的各个知识点。以能力培养为导向，突出技能实际操作要求；文字通俗易懂，体现了整体性、等级性、规范性、实用性、可操作性等特点。本教材采取了篇、章、节的编写体例，在每章开头给出本章"学习目标"，便于学员抓住学习重点。教材内容，深浅适度、条理清晰，便于学员全面掌握柔性版制版的相关技能，提高学员的分析和解决问题的能力。本书针对现在柔性版制版的主流技术，主要内容有整理发排文件、版材及设备运行准备、数字雕刻、曝光及冲洗、去黏处理、设备的调试与验收、工艺流程控制等。

《柔性版制版》的第一、二篇由陈勇波编写，第三篇由霍红波、田东文编写，第四、五篇由吴宏宇、田东文编写。在书稿的编写过程中，得到了上海出版印刷高等专科学校殷金华老师和印刷包装工程系老师们的大力支持和帮助，在此深表谢意。

本书编写内容难免挂一漏万和不妥之处，恳请专家和读者批评指正。

印前处理和制作员技能培训教程编写组

目录

第一篇

柔性版制版

（初级工）

第一章

版材及设备运行准备

学习目标

1. 能根据生产通知单领取版材。
2. 能根据要求裁切版材。
3. 能检查曝光机UV-A管的完好度。
4. 能检查和清洁抽气薄膜。
5. 能通过压力表检查真空度。
6. 能对制版设备进行预热。

一、版材的种类、性能

1. 版材的种类

版材按成像的方式可以分为激光成像制版和胶片成像制版。激光成像制版，即版材在感光树脂表面涂布有一层黑色遮光涂层，激光直接把所需要图文内容的上方黑色遮光涂层烧蚀清除，以让紫外线穿透烧蚀位置后使树脂层产生固化；胶片成像制版，即用胶片预先做好需要的图文阴片，再把胶片贴合在感光树脂层表面，以让紫外线穿透胶片透光部分使树脂层产生固化。

按版材的清洗显影方式可以分为溶剂型固态柔性版、水洗型固态柔性版以及水洗型液态柔性版。本书主要讲述的是溶剂型固态柔性版。

在国内最常使用的版材厚度有：1.14，1.70，2.28，2.84，3.94。在世界范围内使用的厚度还有2.54，3.18，4.32，4.70，5.51，6.35，7.00，版材厚度主要是受印刷机类型及研发国家的英制尺寸标准所影响。例如1.14～1.70mm厚的版材一般用于标签类印刷，2.28～2.54mm一般用于纸袋、塑料袋、无纺布、LCD面板印刷，2.84～7.00mm常用于瓦楞纸板类印刷，按需要作选择。

2. 版材的性能

（1）版材的硬度　版材硬度的选择以印刷内容来决定，同一种厚度下常有不同硬度的型号作选择。当用于网点印刷时选择较硬的版材，以实现网点还原及减少网点因压力而变形；当用于实地或大面积文字时，可选择较软版材，以增加上墨量；当遇到较粗糙的承印材料时，可选择较软的版，增加与材料的接触面积。网点与实地兼具的内容可选择较为中等硬度的版。表1-1-1为各种版材厚度中常用的硬度。

（2）版材的表面状态　常见的版材表面为平整光滑表面，但有部分版材表层为磨砂面，以用于实地印刷增加上墨量。表面结构及材料的差异，导致了版材材料的表面张力存在区别。

（3）版材的油墨适用性　版材的油墨适用性通常指的是对不同油墨的抗腐蚀性以及对油墨浸润性的匹配。溶剂型柔性印刷版通常不能适用于醋酸油墨、油基油墨，而在水墨及醇基油墨使用条件下寿命最长。部分版材型号为了针对某些用途，通过对材料的改性可适用于UV紫外线固化油墨及溶剂型油墨。而油墨浸润性是与版的表面张力所匹配的，当匹配值良好才有利于油墨从版材表面转移到承印物上。

表1-1-1　各种版材厚度中常用的硬度

	1.14mm	1.70mm	2.54mm	2.84mm	3.94mm
常用硬版硬度	77ShA	72ShA	66ShA	63ShA	43ShA
常用软版硬度	74ShA	62ShA	63ShA	41ShA	34ShA

二、裁切工具的种类和用途

版材的常见裁版工具有：美工刀、推刀、电动直线圆刀、电热丝切割。

（1）美工刀　使用美工刀配合直尺进行简单的裁切，这是最常见的方式，其成本低廉，但需要操作人员有一定的操作技巧。缺点是容易划伤手部，造成危险。

（2）推刀　推刀的结构是依赖直线铁杆作为固定，推动固定在铁杆上的滑刀进行裁切，它有轻便、容易操作的优点。缺点是推刀一般尺寸不大，因为铁杆过长会引起下垂变形，使刀刃移动时位置变形。另外刀刃的深度有限而且有阻力，一般只能裁切1.70mm或以下厚度的版材。

（3）电动直线圆刀　使用电动圆刀，圆刀在高速旋转的同时沿着轨道直线移动，实现对版材的直线裁切，操作效率高，而且能裁切7.00mm及以下厚度的版材。缺点是由于机器只能直线裁切并一次性完成整个宽度的行程，只适合把版材横向完全裁开为两半的要求。

（4）电热丝切割　通过对一根高温金属丝的加热，对版材进行裁切，可以直线切断版材，也可以用手移动版材作指定位置的裁切。缺点是速度较慢，加热裁切时使版材产生气味。

三、制版设备的类型和使用方法

1. 晒版机

晒版机常见的类型分为灯管式晒版机及LED晒版机，本文以灯管式晒版机为例讲解。

（1）晒版机灯管的波段　柔性版晒版机曝光灯管使用的是UV-A波段，但在发展过程中具体波段也有着演变，目前基本使用的为波长365nm的10R灯管。

（2）晒版机灯管的有限距离和版材放置的位置　晒版灯管内部的半周涂有反射涂层，以增强紫外线向另外半周的辐射强度，紫外线的照射角度约为120°。

由于紫外线强度会因距离而减弱，所以就单根灯管而言，辐射值最强的地方是灯管的正下方，但由于晒版机的灯管高度与灯管之间的排列距离是根据紫外线强度及角度而排列设定的，所以在版材曝光前，需要确认每一根的晒版灯管都能正常发光，再把版材放置于正确的位置，一般在边缘第三根灯管以内，如图1-1-1所示。

（3）晒版机灯管的安装方法　灯管左右两端的放射强度是存在差异性的，为了让晒版台能量更均匀，需要把灯管有字的一端和没字的一端交替安装，如图1-1-2所示。

（4）抽气薄膜的作用　抽气薄膜的作用是在真空泵对曝光台面抽真空时，形成真空内层，让真空层内的胶片与版材利用负压抽走空气，实现更好的贴合，减少光折射对版材成型的影响。

抽气薄膜的材质是PVC（聚氯乙烯）材料，常规厚度是0.1～0.12mm。抽气薄膜会减弱紫外线到版材之间能量强度，减弱值约为2～3mW/cm²。所以在抽真空晒版的过程中，必须要抚平抽气薄膜的折痕，以免影响透光值。

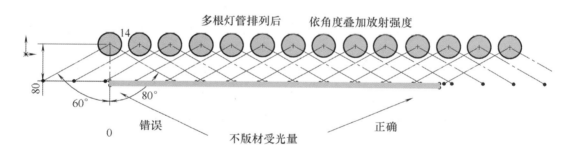

图1-1-1　版材灯管放置相对位置

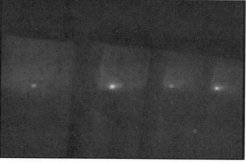

图1-1-2　灯管安装方式

（5）抽气薄膜的清洁方式　抽气薄膜的材料可以使用酒精或清水进行擦拭清洁，以免脏物对紫外线造成阻挡使版材成像后报废。

（6）抽气薄膜的检查　铺平抽气薄膜并开启抽真空按钮，细致观察抽气薄膜上是否存在针孔使真空层漏气。如果只存在一个或两个轻微的穿孔，可以用透明胶带修补使用，如抽气薄膜已经损坏严重，即需更换新的抽气薄膜。

（7）胶片晒版时的真空度要求　使用胶片做主曝光时，在版材上黏合好胶片，放置导气条，覆盖好抽气薄膜，开启真空泵，抚平抽气薄膜后观察真空表指示的数值。真空度的要求是小于负0.07MPa，某些性能较好的设备真空度能达到负0.085MPa或以上。

（8）真空泵的种类及维护要点　晒版机的真空泵最常用的类型有2X双级旋片式真空泵（油式）、2XZ双级旋片式真空泵（油式）、干式真空泵，其维护要点如表1-1-2所示。

表1-1-2　真空泵的维护要点

真空泵类型	2X双级旋片式真空泵	2XZ双级旋片式真空泵	干式真空泵
维护要点	按油表适时补充真空泵油	按油表适时补充真空泵油	免维护

（9）真空度不足时的检查要点　在正常覆盖好抽气薄膜后，如真空度达不到要求值，需要对曝光机的真空部分进行检查，检查内容如表1-1-3所示。

表1-1-3　曝光机的真空部分检查

序号	检查位置	序号	检查位置
1	抽气薄膜是否破损	3	真空泵是否有真空油
2	抽气薄膜边沿是否漏气	4	管道及接口是否漏气破损

（10）曝光机灯管的预热　曝光机灯管会因为温度而影响紫外线的输出强度，虽然某些曝光机带有灯丝预热功能，但能量的输出还是有一个从低值到正常值的逐渐上升的过程。所以在每次进行版材背曝光及主曝光前均需要对曝光机灯管点亮30s以上进行预热，并在预热后马上进行背曝光。因为如果间隔时间过长，灯管再次冷却后输出能量变化波动过大。

2. 洗版机

洗版机分为平磨式洗版机和连线式洗版机。

（1）洗版机的预热　洗版时洗版液的温度会影响冲洗效率，并且洗版机里面的冲洗液容量较大，加热的过程较慢，所以需要按照冲洗液种类的不同设定相应的加热温度，并提前进行预热。如最常使用的四氯乙烯为25～27℃，十氢萘类环保溶剂为32～35℃。

（2）洗版机毛刷的预清洁　洗版机毛刷因表面附着有洗版溶剂中的胶体，干固后会使毛刷变硬影响洗版成像效果。所以在生产前先把洗版机进行空载运行，让溶剂软化毛刷并清洁毛刷自身的胶体。

3．烘干机

烘干机主要有热风式烘干机和红外式烘干机，市场上产品以热风式为主流。

烘干机由于加热的过程较慢，刚冲洗好的柔版如果不能马上放进正常加热的烘干机中，会让柔版的一些细小内容继续受版面上残留的冲洗液腐蚀，从而影响树脂的还原性，所以在版材冲洗好之前要使烘干机达到正常使用温度。如最常使用的四氯乙烯烘干温度为50～55℃，十氢萘类环保溶剂为55～60℃。

第二章

制版

学习目标

1. 能测试版材的预曝光、主曝光、后曝光时间。
2. 能根据要求和液槽容量配制冲洗液。
3. 能根据主曝光时间确定冲洗时间。
4. 能冲洗主曝光版材。
5. 能根据版材的性能确定烘干温度和时间。

第一节 曝光、冲洗

操作步骤

1. 检查曝光机UV-A灯管完好度的步骤
（1）将曝光机拉开，检查UV-A灯管是否完好，有没有破损或者裂缝。
（2）打开电源，开启曝光按钮，检查UV-A灯管是否全部亮启。
2. 检查和清洁曝光机抽气薄膜步骤
（1）拉开曝光机，将抽气薄膜完全伸展开。
（2）检查薄膜表面有无破损，划伤的痕迹。
（3）打开真空开关，将膜内空气排完。
（4）用喷壶将酒精喷在薄膜表面，用擦拭布均匀擦拭。
（5）检查薄膜表面有酒精渗入的地方就表示已破损。
3. 检查曝光机真空压力表的真空度步骤
（1）打开真空表按钮，检查按钮是否失灵。
（2）将真空膜完全伸展开，开启真空按钮。
（3）排出膜内空气，检查真空表的真空度。
4. 冲洗机的预热步骤
（1）开启总电源，打开冲洗机的电源开关。
（2）开启电源后部分冲洗机会自动对链条和毛刷进行清洗，其间不需要对其进行其他操作。
（3）等清洗完成后，需要对清洗毛刷（即滚刷）进行湿润。
（4）检查药水温度是否达到设定温度。

5．烘干机的预热

（1）开启总电源，打开烘干机的电源开关。

（2）电源开启后烘干机会自动运行。

（3）调整烘干机的温度设定，将温度按需设定在55℃至60℃。

（4）开启一段时间后检查温度是否上升。

相关
知识

一、预曝光、主曝光、后曝光的测试方法

1．版材背曝光的原理

把版材的底部用UVA紫外线固化，通过控制时间调整紫外线的吸收量，吸收量决定了版材固化的深度，即版底厚度。吸收过多将会让对应的浮雕变浅；过少将让树脂底层太薄，使浮雕内容难于被垂直成像，容易变形。

2．测试版材背曝光时间的方法

以1.70mm厚的版材为例，裁切多片25cm × 25cm大小的版材，分别对每一片版材做不同时间的一次性的背曝光固化，例如60s，70s，80s，……110s，120s的固化，要注意是在灯管已经预热的情况下进行操作，并记录当时的室内温度。不需要做主曝光，然后把这些不同背曝光时间做的版用统一速度进行洗版，并在洗版后烘干。然后在烘干后的版中挑选一张厚度是0.95mm左右，并且表面最干净，树脂已经是比较硬化的版，例如是90s。然后对结果进行微调，为了配合洗版速度，避免有处于临界点没被固化的树脂污染版面，可能细化到95s更合适。这时就得到了最合适的背曝光时间是在25℃时已经预热的灯管照射95s。假如晒版机有恒温预热功能那就可以订下来一直保持用95s，如果晒版机不带预热功能就根据天气做±10s以内的波动，但波动范围不能过大，不然稳定性无法保证。

3．版材主曝光的原理

紫外线通过感光胶片空白位置，或激光制版时烧刻掉的黑色涂层的缺口，进入感光树脂层，被紫外线照射到的部分在进行交联反应后固化，而被黑色涂层遮挡了紫外线的部分依然是没被固化的半流体状。

4．测试版材主曝光的方法

做主曝光的时间制定时，内容的图文大小差异很大，容易引起凭经验制定时间的过度灵活性而产生问题，但可以通过一些细节来缩小这个时间范围：

①上限，曝光时间过长时，内容的浮雕边沿出现毛边，棱角不垂直锐利，这样会引起边沿积墨，阴线因光线折射而填满，所以当出现这个问题时，证明任何情况下都不能超过当前的这个曝光时间值。

②下限，常用的最小阴线深度正常时的时间。

继续裁切多片25cm×25cm大小的版材，分别对每一片版材做相同时间的背曝光固化，如上面测试版材背曝光环节得到的时间，然后对测试图文做不同时间的一次性的主曝光固化，例如6min、7min、8min、……11min、12min的固化。都做好主曝光后用上面测试版材冲洗速度的环节得到的速度进行洗版、烘干。烘干后的印版如果发现12min晒出来的边沿有毛边，而11min的效果是在正常接受范围，那在任何时候做主曝光都不超过11min。例如在11min时0.12mm的这条常用阴线已经堵满了，而0.15mm是正常，在10min时0.12mm这条阴线也是正常的。那我们做激光数码版时，在灯管预热的情况下就取主曝光时间为10min作为一次性的固定曝光值进行生产，而根据天气可能会做±1min的变动。（而胶片晒版因为折射大的原因也测试出一个常用阴线的最大时间值作为波动范围，同样的判断方式，例如用时间递减的方式测出7min能做出0.15mm这条常用的阴线，那就有可能采用局部遮挡的曝光形式，波动范围在7～11min根据经验来判断主曝光时间。）

到目前为止，我们已经得到了这款版材在我们的生产设备及条件下，它的洗版速度，背曝光时间，主曝光时间（胶片晒版7～11min凭经验作局部遮挡曝光）。

5. 版材后曝光的原理

在完成所有上面的工序后，再用UVA对版材进行一次整体的感光固化。例如在主曝光时，黑色涂层的下方实际上其树脂是没有被完全固化，通过最后的一次后曝光，使包括材料的中间层位置都作完全的交联反应，使寿命更长。

6. 测试版材后曝光时间的方法

测试版材后曝光时间的方法：测试后曝光时间的方式是让树脂作最后一次整体充分的交联反应固化，并还原到材料商的硬度设定值。材料商提供的材料参数值在理论上是属于最稳定值，因为版材的配方都是按照这个值来进行配比。例如1.70mm的材料硬度值是68肖氏度，1.14mm材料是76肖氏度等，我们尽量还原到此数值。通常使用的时间从4至8min，以硬度测量仪作为制定时间的参考标准。

在大多数制版员的理解中，后曝光时间的设定值在整个制版过程中并不是一个要求很严谨的参数，很多时候会根据实际使用时的硬度要求作轻度时间调整。但从原材料成分配比上来说，这种硬度调整需要有一个限度，过大的差异是不合理的，如果需要软一点的版以实现兼顾实地印刷效果，我们可以更换为硬度更低的版材，这样才能让材料作充分的固化反应。

二、冲洗液的配制方法

1. 常见冲洗版液的种类

常见的冲洗版液有四氯乙烯配正丁醇、十氢萘类环保溶剂以及水洗柔版冲洗液，每种冲洗版液都有其各自的特点及配比要求。操作人员需要按液槽的容量，并计算配比后的冲洗版液总容量与液槽对应。

2. 四氯乙烯配正丁醇的配比要求

四氯乙烯的相对密度（水=1）是1.63，正丁醇的相对密度（水=1）是0.80，冲洗版液的正确配比值是1.460。

　　具体的操作流程是先在液槽中添加约总容量80%的四氯乙烯，在配制时因为可能含有溶剂回收机蒸馏回收后再使用的四氯乙烯，所以我们并不能确定其密度，但在每次配制时必须添加约总量的10%全新未使用过的四氯乙烯，以保证其溶解力。在添加新四氯乙烯后对冲洗版液进行充分搅拌，抽取一定量的冲洗版液注满量杯的最高容量刻度处，放进量程为1.400～1.500的密度计，测量相对密度（如密度计显示值低于1.460时）即往冲洗版液中添加四氯乙烯，如密度计显示值高于1.460时即往冲洗版液中添加正丁醇。每次添加的分量不用过多，并在每次添加后进行充分搅拌再作测量配比。也可在第一次测量后通过密度值计算总容量后添加需要补充的成分。

　　3．十氢萘类环保冲洗版液的配比要求

　　十氢萘类环保冲洗版液的配比按厂家不同，其配比工艺存在差异。例如部分品牌A、B双组分配方，用光学折射率计算配比值；但大部分品牌是通过每次往蒸馏出来的冲洗版液中再添加约15%～20%的全新冲洗版液进行混合使用。

　　4．水洗柔版的冲洗版液配比要求

　　水洗柔版的冲洗版液均使用清水为介质，普遍要求加热到50℃，另外根据每个版材品牌的不同，有些牌子不需要在水中添加辅助材料，有些牌子需要添加洗衣粉或专用的强碱作为辅助。

三、冲洗印版和贴版的方法

　　1．制定制版参数的测试流程

　　理解制定制版参数的测试流程，对制定每个项目的数值至关重要，因为错误的步骤及顺序，将会让测试过程进入死循环。下面是一套对版材的标准制作参数测定流程：

　　①测试溶剂对版材的洗版速度→②测试背曝光时间→③测试主曝光（正面曝光）时间→④测试烘干时间及温度→⑤测试去黏时间→⑥测试后曝光时间→⑦版材曲线制作

　　2．版材冲洗的原理

　　当版材上需要的内容已经完成了交联反应被固化后，把版材放进冲洗版机进行洗版，把没有被固化的半流体树脂给溶解掉。这里对不同的版材大概划分为4种清洗的方式：

　　①溶剂版材利用毛刷和溶剂冲洗液的配合，进行溶解冲洗。

　　②水洗版材利用毛刷和清水的配合，进行溶解冲洗。

　　③水洗版材利用毛刷和强碱性水配合，进行溶解冲洗。

　　④热敏版材利用红外加热溶解未被固化的半流体树脂，配合无纺布进行吸附清洁。

　　3．测试版材冲洗速度的方法

　　经常会遇到曝光好的版无法把浮雕洗得更深，产生了各种猜想，实际上把洗版速度放在制定制版参数的第一位就可以免除了后面各种不正确的晒版时间对洗版速度的干扰。同时确保冲洗版机毛刷的压力是正确并且稳定的，而不是用很轻或很重的毛刷压力进行洗版，这个压力要先测量清楚。

测量洗版速度的方式是：裁切多片25cm×25cm大小的版材（连线洗版机用足够大的面积避免洗版刀挂版位置的影响而引起错误判断，平磨洗版机可以用小一点的面积），不进行任何曝光，分别每次进行不同速度的洗版，目标值是在没有进行曝光的情况下，把版底的厚度洗到所需要的，通常为总厚度的55%～60%，例如1.70mm的版材通常把版底的厚度洗到0.95mm，1.14mm的版底洗到0.55mm。假如用环保溶剂洗到这个厚度时的速度是190mm/min（如果是调节电机频率的洗版机也是一样操作，选定一个合适的电机频率控制速度），那就选用比此数值慢一点的速度170mm/min。

减慢速度的原因有两个：

① 免除日后生产时因为溶剂新旧差异造成的影响。

② 免除在配合背曝光时在临界点的树脂没被完全清洗干净，污染浮雕内容表面。

4．冲洗版材前的准备

在冲洗版材前，应该确认并完成下列工作：

① 配制版材冲洗版时所需的洗版液用量。

② 洗版液按类型的不同应加热或恒温到所需要的温度。

③ 对于需要使用汽压的洗版机，应在洗版前开启空压机提供所需的压缩空气。

④ 开启烘干机加热恒温到指定温度，以便版材洗好后能马上进行烘干。

5．冲洗版材过程的注意事项

在冲洗版材的过程中，应该要保证洗版液的足够存量，并保护洗版液持续恒温。在清洗完后测量版材的版底厚度以确认洗版质量，如版底厚度过厚，应该继续增加洗版时间以达到厚度的标准。在洗版结束后应马上把冲洗过的版材放进烘干机中进行烘干，以免溶液过长时间浸泡损坏版材。

四、版材烘干温度和时间的调节方法

1．版材烘干的原理及检验

版材在冲洗之后，溶液会残留在版材的表面，并有部分进入了树脂的内部使版材有所膨胀，我们需要对版材进行烘干以使其表面的溶剂蒸发干燥，并把进入内部的溶剂蒸发出来，恢复到版材在清洗前厚度的103%以内。每一种溶剂的安全烘干温度及时间有所区别，而热敏制版即无需烘干。

2．常用洗版液的烘干温度

对于烘干时间，不同品牌的版材差异非常少，主要取决于溶剂的类型。挥发速度快的溶剂所需要的温度相对较低，烘干时间较短；挥发速度慢的溶剂所要求的温度更高，且时间更长。但受到版材的材料类型能承受的温度值限制，目前常规的柔版最高烘干温度适用值是60℃或以内。常规的时间如表1-2-1所示。

表1-2-1　不同洗版液所需烘干温度和时间

	烘箱温度	1.14mm/1.70mm 版材	2.28mm/3.94mm 版材
慢性环保溶剂	55~60℃	2.5h	3.0h
快性环保溶剂	55~60℃	1.5h	2.0h
四氯乙烯	50~55℃	1.0h	1.5h

五、版材烘干温度和时间与印版质量的关系

烘干温度过高，容易引起底基材料的局部变形，无法套色精准。烘干时间过长，会使印版收缩弯曲，影响贴版和上墨。

第二节　去黏处理

学习目标｜能确定印版的去黏时间。
能检查去黏机UV-C管的完好度。

操作步骤｜1. 确定去黏时间的步骤

（1）取一片生版，宽度约为25cm，长度可以长一些，将其分为多段。

（2）将测试版放入曝光机内按照规定背曝光时间曝光。

（3）将背曝光好的测试版拿到洗版机内按照规定洗版时间洗版。

（4）按照规定烘版时间烘版。

（5）冷却测试版（版面冷却后再放置5min左右），将多片印版分别放进后处理机内曝光（UVC），每段间隔大约为1~2min。

（6）将曝光好的版正面相互接触，以版面略带点黏性为最佳。其对应时间为基本去黏时间。

2. 判断去黏机UV-C灯管完好度的步骤

（1）切断电源，保证在不带电情况下操作。

（2）打开机器盖子，将机器内灯管逐个拆下检查有无破损开裂。

（3）将灯管重新装好，打开电源，戴上防护眼镜检查灯管是否全亮。

相关
知识

一、去黏处理的方法和要求

1．版材去黏的原理

柔性版的材料带有一定的黏性，这种黏性会影响版材的表面张力，从而影响上墨量，当黏度过高时会黏附很多纸粉等脏物，去黏是通过UVC波段的紫外线使材料表面轻度老化去除黏性。时间过长会对版材造成破坏，过短则无法达到理想效果。

2．测试版材去黏时间的方法

去黏时间最常使用的方式是版材在不过度黏手时的最小值。例如去黏时间 3 min比较黏手， 4 min轻度黏手， 5 min完全不黏手，在上墨量不受影响的情况下就选择 4 min。这个较为肢体感观式的方法只是基本可行，有条件的情况下可在印刷机上测试墨量的稳定性，并以不容易黏附纸粉、灰尘等脏物为前提。另外也可以通过张力达因笔对版材表面进行测试确定数值，但材料表面张力的测试值没有通用性，因为部分版材是表面带磨砂特性，而部分版材是光面。

二、去黏机的使用方法

1．去黏机UV-C灯管的特性

去黏机UV-C属于紫外线波段，其波长为254nm。灯管的常用大小有T5管及T8管，接头有双端双极接头，双端单极接头，单端 4 极接头。

2．检查去黏机UV-C灯管时的安全措施

因为UV-C灯管所在的波长254nm，其紫外线强度穿透性非常强，常被用于杀菌，验伤等行业。UV-C波段的光线对人体有较强的穿透性，所以在检查灯管时要佩戴专业的UV光防护眼镜才能对灯管进行目视作业。

3．检查去黏机UV-C灯管的方式

检查去黏机UV-C灯管的状况时，除了灯管自身灯丝烧断要进行更换外，还要对其光强进行检验。使用专用的UV-C光强测量仪，对其UV-C的紫外线强度作测量，强度应该在每平方厘米7 ~ 12mW（欧制）。如紫外线强度低于此范围时应给予更换。

第二篇

柔性版制版

（中级工）

第一章

版材及制版设备

<table>
<tr><td>本章
提示</td><td>熟练掌握版材及制版设备运行准备工作；准确掌握曝光及冲洗的基本方法；熟练
掌握去黏处理的化学方法。</td></tr>
</table>

<table>
<tr><td>学习
目标</td><td>能检查分色片的缩变量；能根据印刷机的类型确定版材的型号、厚度；能根据分
色片的图像、文字选择版材的表面硬度；能根据承印物、油墨选择版材；能确定
曝光机UV-A管、抽气薄膜的更换时间；能调整冲洗机、烘干机的加热温度；能
确定冲洗机毛刷的更换时间；能对制版设备进行常规检查和调节；能排除制版设
备的常见故障。</td></tr>
</table>

<table>
<tr><td>操作
步骤</td><td>1. 根据印刷机的类型确定版材厚度的步骤
由于印刷机种类的不同，所以我们制版时选择的柔性版的厚度也要有所不同。
（1）了解印刷企业印刷机的品种及版辊的齿数。
（2）了解印刷企业印刷的产品类型及承印物。
（3）根据得到的印刷机、产品及承印物的信息选择合适厚度的版材。
2. 确定曝光机UV-A灯管更换时间的步骤
在正式制作印版之前，需要对曝光机进行运行前的准备，确认机器是否运行正
常，灯管、真空膜等附件是否完好。
（1）打开机器检查灯管有没有两头发黑的情况。
（2）关好机器打开电源，将灯管预热5min。
（3）预热结束后，将紫外线能量测量表放入机器曝光区域内，将整块曝光区域分
为9个点，逐一检测各个点的能量。
（4）记录每个点的能量，检查每个点的误差和能量值。
（5）如果能量值低于最低要求，那么灯管就可以更换。
3. 确定曝光机抽气薄膜更换时间的步骤
抽气薄膜的作用是在制作传统印版时让印版能在真空状态帮助下与胶片完全贴合
进行曝光，由此我们可以知道一张完好的抽气薄膜对制作印版起很大的作用。由
于抽气薄膜是一张很薄的塑料薄膜，很容易受到磨损，造成薄膜破损，这就需要
我们时常检查抽气薄膜，保证其完好性。</td></tr>
</table>

（1）把抽气薄膜铺开在曝光台面上，检查有没有破损的地方，折皱多不多，有没有严重破损的地方。

（2）开启吸气开关，将膜内空气排出，检查真空表气压值是否达到大于-0.07MPa以上。

（3）在抽气薄膜表面喷洒些酒精，用擦拭布均匀擦拭，如薄膜有破损，酒精就会在真空作用下渗漏下去。

（4）检查确认破损情况，无法修补时更换新膜。

相关
知识

一、版材弯曲变形的基本原理

早期的滚筒圆晒制版中，由于每次制版都使用与印刷版辊周长一样的晒版滚筒，所以没有产生版材包裹版辊后的变形（对于印刷张力及二次分切造成的拖长变形暂不讨论）。现在制版为了提高生产效率及制作通用性，均使用了平板式制版。由于版材图文存在高度的立体特性，版材从平张成型后再到版辊包裹产生圆周变形，以及版材原材料的弹力等原因，印刷长度将大于印刷版的实际长度。在制版的过程中，要以实际的长度差值，计算出针对某印刷机型、某种版材及承印材料的变化值比例，我们称之为变形率。

简单的理解为：不同的版材厚度、不同的版材型号、不同的承印材料、不同的印刷周长，其变形率都要重新计算。由于很多印刷材料的特性都相似，所以变形率有相对较准确的参考意义，但必须按照实际生产情况进行修订。

变形率的计算，在这里以最常用及简单的公式展示。

$$变形率 = 1- \frac{K 值}{版辊周长（含双面胶及印版的总周长）} \times 100\%$$

其中K是一个系数，$K=2\pi d$（$d=$柔版总厚度$-$柔版底基厚度），因为每个版材厂家使用的底基厚度有差异，所以这数值一般由版商提供，计算时直接代入即可。

例如，以常用的东丽0.95mm的树脂凸版，若做100齿周长版辊的印刷版（齿在行业中常用字母T表示），变形率为：

公式中的版辊周长指金属辊加上贴版双面胶及版材厚度后的总周长，有时厂家会提供一个齿数，对于这个齿数分常用的每齿3.175mm及大型印刷机器有时用的每齿5mm，而这个齿数均已包含双面胶厚度及版材厚度。对于印刷厂在订制版辊时所报的齿数应有明确的双面胶厚度，厚度对轮转凸版来说均是0.1mm的PET双面胶，而对柔版来说厚度有常用的0.38mm及0.5mm，在订制前必须说明清楚。

$$变形率 = 1- \frac{5.4（东丽0.95mm 凸版）}{317.4mm（100T，T=3.175mm）} \times 100\%=98.299\%$$

在以上公式中，K值5.4由东丽版材公司提供。

表2-1-1列出的是部分常用厚度版材的一些厂家提供的K值，如所使用的型号不在列表中，可同样参考使用，因为这只是一个理论值，具体的一些应用差异请自行细化并修正。

表2-1-1 常见版材厚度的补偿K值

序号	版材厚度	版材品牌及型号	参考K值	序号	版材厚度	版材品牌及型号	参考K值
1		富林特WF95	5.32	9	1.70mm	富林特ACE170	9.89
2	0.95mm	东丽DWF95NM	5.40	10	2.29mm	杜邦NOWS229	13.5706
3		东洋纺QF95JC	5.20	11	2.54mm	旭化成DSH254	15.17
4		杜邦DPR114	6.0669	12		旭化成DSH284	17.05
5	1.14mm	旭化成DSH114	5.98	13	2.84mm	杜邦TDR284	17.08
6		富林特ACEr114	6.05	14	3.18mm	杜邦TDR318	19.1585
7	1.70mm	杜邦DPR170	9.8986	15	3.94mm	杜邦HDC394	23.9481
8		旭化成DSH170	9.89	16	4.70mm	杜邦TDR470	28.7378

二、柔性版印刷机的种类

柔性版印刷机的种类及使用的版材厚度，同类型的柔版印刷机，使用不同厚度的版材，常规的应用类型如表2-1-2所示。

表2-1-2 柔性版印刷机的种类及应用类型

序号	印刷机类型	印刷品	印刷版厚度
1	瓦楞水印机	瓦楞纸箱	3.94mm，2.84mm
2	机组式印刷机	圈纸，标签，薄膜	1.14mm，1.70mm，2.28mm，2.54mm
3	卫星式印刷机	圈纸，薄膜	1.14mm，1.70mm
4	层叠式印刷机	圈纸，标签，薄膜	1.14mm，1.70mm，2.28mm

针对具体的印刷品，在实际生产中也会有厚度偏向，例如瓦楞面纸的预印类产品，最常使用的是1.70mm厚的版材。对薄膜类产品最常使用的是1.14mm厚的版材及1.70mm厚的版材，这依据印刷机在设计时的版辊配套类型所决定。对承印物表面较为粗糙的无纺布或粗面纸张，会使用较厚及较软的2.28mm及2.54mm版材。

三、版材表面硬度的选择原则

（1）柔性版材的表面硬度

柔性版材为了达到对印刷内容和材料的适用性，通常每种厚度的版材都会具备两种或以上的硬度。

表2-1-3中所列举的是不同厚度版材常规硬度，每个不同品牌之间略有差异。

表2-1-3　不同厚度版材的常规硬度

版材厚度	硬版的常见硬度	软版的常见硬度
1.14mm	79（ShoreA）	72（ShoreA）
1.70mm	74（ShoreA）	62（ShoreA）
2.84mm	66（ShoreA）	38（ShoreA）
3.94mm	42（ShoreA）	35（ShoreA）

（2）柔性版材的表面硬度对印刷内容的影响

柔性印刷版属于弹性体材料，其受压力变形的情况较为明显。在实际应用中，越薄越硬的版材，其网点还原性能越好。但过硬的版材难以给较大的文字及方块、实地内容提供足够的印刷墨量。

所以在选择版材表面硬度时，通常使用的方式是：制作及印刷网点层次内容，选用较硬的版材；制作及印刷文字及大面积实地内容，选用较软的版材。

四、版材的结构和特性

1. 版材的分类

版材按成像的方式可以分为：激光成像制版，即版材在感光树脂表面涂布有一层黑色遮光涂层，激光直接把所需要图文内容的上方黑色遮光涂层烧蚀清除，以让紫外线穿透烧蚀位置后使树脂层产生固化；胶片成像制版，即用胶片预先做好需要的图文阴片，再把胶片贴合在感光树脂层表面，以让紫外线穿透胶片透光部分使树脂层产生固化。

按版材的清洗显影方式可以分为：溶剂型固态柔性版、水洗型固态柔性版以及水洗型液态柔性版。本书主要讲述的是溶剂型固态柔性版。

版材的常见厚度，在中国地区最常使用的有：1.14mm、1.70mm、2.28mm、2.84mm、3.94mm。在世界范围内还使用的厚度有2.54mm、3.18mm、4.32mm、4.70mm、5.51mm、6.35mm、7.00mm，版材厚度主要是受印刷机类型及研发国家的英制尺寸标准所影响。例如1.14～1.70mm一般用于标签类印刷，2.28～2.54mm一般用于纸袋、塑料袋、无纺布、LCD面板印刷，2.84～7.00mm常用于瓦楞纸板类印刷，按需要作选择。

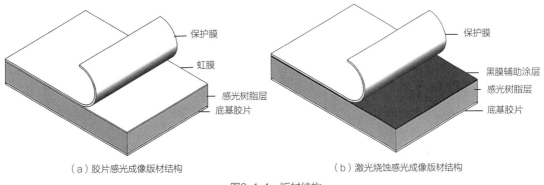

（a）胶片感光成像版材结构　　　　　　　　　（b）激光烧蚀感光成像版材结构

图2-1-1　版材结构

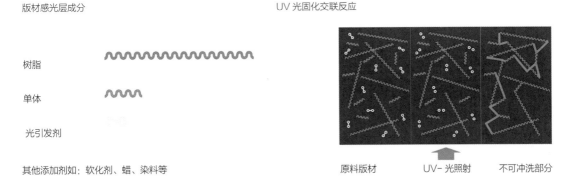

图2-1-2　激光烧蚀感光层成分及交联示意图

2．版材的材料结构

胶片感光成像的版材结构从上至下分别为：保护膜，隔离虹膜，感光树脂层，底基胶片［图2-1-1（a）］。

激光烧蚀感光成像的版材结构从上至下分别为：保护膜，遮光涂层，感光树脂层，底基胶片［图2-1-1（b）］。

3．版材的成像原理

版材的感光树脂层主要由树脂、单体、光引发剂、固化剂、橡胶油、染料等组成。

树脂是最主要的材料，光引发剂通过吸收UV紫外线，使单体等材料与树脂进行交联反应，这样被紫外线照射到的图文部分才会从原来的半流体转变成固体。而没有经UV照射的部分（被胶片黑膜或激光版遮光涂层挡住的部分）依然是软质的半流体，这种软质的半流体将在洗版时溶解掉，如图2-1-2所示。

4．版材的性能

（1）版材的硬度　版材硬度的选择以印刷内容来决定，同一种厚度下常有不同硬度的型号作选择。当用于网点印刷时会选择较硬的版材，以实现网点还原性及减少网点因压力变形；当用于实地或大面积文字时，会选择较软版本，以增加上墨量；当遇到较粗糙的承印材料时，也会选择较软的版，增加与材料的接触面积。网点与实地兼具的内容即会选择较为中等硬度的版。

（2）版材的表面状态　常见的版材表面为平整光滑表面，但有部分版材为专用于实地印刷增加上墨量，表层为磨砂面。表面结构及材料的差异，导致了版材的材料的表面张力存在区别。

（3）版材的油墨适用性　版材的油墨适用性通常指的是对不同油墨的抗腐蚀性以及对油墨浸润性的匹配。溶剂型柔性印刷版通常不能适用于醋酸油墨、油基油墨，而在水墨及醇基油墨使用条件下寿命最长。部分型号版材为了针对某些用途，通过对材料的改性可适用于UV紫外线固化油墨及溶剂型油墨。而油墨浸润性是与版的表面张力所匹配的，当匹配值良好才有利于油墨从版材表面转移到承印物上。

五、各类承印物、油墨的特性

1. 柔性版材的表面特征

柔性版材的表面有两种形态，最常用的是表面呈现光滑状态，另外一种是表面呈现磨砂状态。针对一些要求上墨量大的简单图案，可以选择磨砂类的印刷版，但由于其传墨量较大，在制作及印刷精细网点时容易堆积油墨造成印刷模糊。

2. 不同承印物对柔性版材硬度的差异化选择

对于表面光滑度高的承印物，为了实现较高的网点精细度，通常选用较硬的版以实现网点还原。而对于表面较粗糙的承印材料，即需要使用较软的版材才能满足油墨转移量及承印材料的表面上墨量。粗糙承印材料在使用较硬的版材时会造成印刷露白现象。

3. 柔性版的油墨适用类型

每个品牌的柔性版材料针对不同的应用范围会有多种不同的厚度，同时在同一种厚度上也可能会有不同的油墨类型适用性型号。例如为瓦楞印刷设计的2.84mm及3.94mm的柔性版材只适用于使用水性墨；部分1.14mm及1.70mm厚度的版材不适用于UV转化油墨，但部分支持使用；基本上柔性版都不适用于醋酸油墨及油基油墨。

六、曝光机 UV-A 管的作用和性能

1. UV-A灯管的寿命

常用的UA-A灯管，其厂家标称使用寿命一般为800h。在实现应用中，我们应该以实际UV-A能量强度为检测依据，看能量值是否达到使用要求。如能量低于要求，即需要更换，但对于使用时间过长的机器，因为灯管的整流器也随使用时间老化，即使替换灯管也无法达到要求的能量值时，就需要连同整流器一起更换。

目前对UV-A能量强度的普通要求标准是。

① 使用菲林胶片曝光的柔性版，其UV-A能量强度为mW/cm^{2}以上（欧制）。

② 使用激光成像数码柔性版，其UV-A能量强度为16mW/cm^{2}以上（欧制）。

2．晒版机灯管的性能及有效范围

柔性版晒版机曝光灯管的长度是由其功率而定的，目前最常用的功率为：40W，60W，80W，100W，每种功率有其固定的长度。如图2-1-3所示，由于灯管的灯头灯管的总长度A值包含灯头及灯丝，而灯丝的位置能量很低，甚至两端最边上是没有紫外线放射值。以实际测试，我们得到各种功率的灯管，其符合晒版要求的实际最有效长度是B值。如表2-1-4所示。

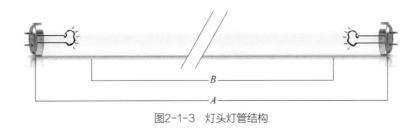

图2-1-3　灯头灯管结构

表2-1-4　灯管功率与灯管长度对照表

灯管功率 /W	40	60	80	100
灯管长度 /mm	600	1200	1500	1768
灯管最有效长度 /mm	300	900	1200	1468

七、抽气薄膜的种类和使用方法

抽气薄膜在应用上没有明确的固定更换时间表，在使用上需要从以下几个方面作出判断。

① 抽气薄膜是否已经硬化　抽气膜的作用是使胶片与版材之间贴合没有空隙，如果薄膜老化后变硬，即需要把它替换成新的薄膜。

② 抽气薄膜是否已经黄变　抽气膜原为透明PVC软膜，其对UV光线强度也会有一定的影响，当抽气膜因使用时间过长而发生黄变时，就需要把它替换成新的薄膜，以避免UV光线在穿透过程中进一步减弱。

③ 抽气薄膜是否破损　在抽气晒版时，如果抽气薄膜发生破损现象，使负压下降，则菲林胶片与版材之间容易产生间隙，所以当发现抽气薄膜有破损时，应该把它替换成新的薄膜。

八、洗版液的温度、烘干温度对印版质量的影响

1．柔性版洗版液的类型及洗版适用温度

洗版液的常见类型有：四氯乙烯配正丁醇，十氢萘类环保洗版液，其对应关系如表2-1-5所示。

表2-1-5 不同类型洗版液对应洗版温度

洗版液类型	洗版液适用温度 /℃
四氯乙烯配正丁醇	25~27
十氢萘类环保洗版液	32~35

在使用洗版液时，要根据其类型及生产厂家的建议，对温度进行调整。

2. 柔性版材的烘干适用温度

柔性版材由于受其原材料影响，在实际应用中，当烘干温度超过一定值时会发生底基PET片的变形，所以烘干时需要根据以下几个方面确定烘干温度：

（1）版材的最高承受温度 目前市面上的材料普遍能承受的不变形温度是60℃以内。

（2）烘箱内各位置的实际温度 因烘箱的温度感应位置与发热管往往距离较远，而体积较大的烘箱内部温差会更大，所以我们需要测量烘箱内的各位置实际温度，而保证所设置的温度让烘箱内最高温度处不超过60℃。

3. 柔性版洗版液的烘干温度

洗版液的常见类型有：四氯乙烯配正丁醇，十氢萘类环保洗版液。其对应的烘干适用温度如表2-1-6所示。

表2-1-6 不同类型洗版液对应的烘干温度

冲版液类型	烘干适用烘干温度 /℃
四氯乙烯配正丁醇	50~55
十氢萘类环保洗版液	55~60

烘箱的烘干温度表设置方式与洗版机冲版液温度控制器基本一样，可按产品说明书作出调整。

九、毛刷的硬度和粗细对印版质量的影响

1. 柔性版洗版机的毛刷材质

洗版机的毛刷常用的刷丝材质有：PA66（尼龙66）、PA612（尼龙612）、PBT（聚对苯二甲酸丁二醇酯）等材质。而毛刷刷毛的粗细度则根据连线式洗版机内的位置而改变，平磨式洗版机的刷丝在不同品牌间也会有所区别。粗细度一般在0.08 ~ 0.12mm。

2. 柔性版洗版机的毛刷寿命判断

洗版机的毛刷寿命并没有固定的时间要求。在实际使用上，我们可以从以下几方面来判断毛刷是否已经达到更换期。

① 毛刷中刷丝的局部缺损。查看毛刷是否有部分位置刷丝缺少，如果发现刷丝缺少的位置无法清洗版材，则需要更换新的毛刷。

②　毛刷中刷丝长度的磨损。查看毛刷是否局部刷丝变短，这一般是长时间洗版而毛刷压力过大引起，如果局部或全部刷丝变短，需要更换新的毛刷。

③　毛刷中刷丝末端的弯曲。查看毛刷刷丝末端是垂直还是弯曲，如果发现有弯曲现象，是洗版毛刷压力过大或刷丝质量不佳引起，则需要更换新的毛刷。

十、制版设备的结构、作用和调节方法

1. 曝光机的常规检查项目及调节

曝光机的常规检查项目及调节方式如表2-1-7所示。

表2-1-7　曝光机的常规检查项目及调节方法

序号	常规检查项目	调节方法
1	检查UV-A能量强度	使用UV-A仪表测量灯管能量，能量强度不达标准值的灯管表影响成像效果，需要进行更换
2	检查灯管散热风扇	检查曝光机排气风扇是否正常运转，无法运转或风量过少的风扇将影响灯管的散热，需要进行更换
3	检查抽气薄膜	检查抽气薄膜是否硬化，发生黄变，或破损漏气，对破损较多无法使用的薄膜需进行更换
4	检查抽气真空泵	检查抽气真空泵的负压值是否达到标签要求-0.07MPa或以上，如负压过低，需调整负责控制阀门修改为指定值

2. 洗版机的常规检查项目及调节

洗版机的常规检查项目及调节方式如表2-1-8所示。

表2-1-8　洗版机的常规检查项目及调节方法

序号	常规检查项目	调节方法
1	检查洗版机冲版液温度控制	使用温度计测试冲版液是否达到所设定温度，如冲版液无法加热或过热，需检查加热系统及温控是否损坏并作出维修
2	检查洗版机毛刷高度	检查洗版机毛刷高度是否正常或自动机的控制器能按设定准确调整，如毛刷高度不对，手动机需人手调整高度，自动机需修正调整电机及用于高度识别编程电机
3	检查洗版机气压	对于需要使用气压控制阀门的洗版机，要检查压缩空气的气压是否达到标准值，可通过压力阀门作出调节
4	检查洗版机冲版液过滤网	检查冲版液过滤网是否堵塞，对堵塞严重影响过滤时要作出清洁更换新滤网

3. 烘干机的常规检查项目及调节

烘干机的常规检查项目及调节方式如表2-1-9所示。

表2-1-9　烘干机的常规检查项目及调节方式

序号	常规检查项目	调节方法
1	检查发热管是否正常加热	烘箱通电后检查设备发热管是否正常加热，加热温度是否达到指定值
2	检查机内热风循环风机	烘箱通电后检查设备内循环风机是否运转，如风扇损坏将形成机内局部温度过高，残留在版上的冲版液干燥过慢
3	检查机内各位置温度	烘箱在运转半小时后，检查每一层烘箱内各个角落及中间的实际温度，对局部温度过高时下调温度控制器的设定值，让最高位置温度不超过版材的上限值
4	检查温控表误差	用温度测量表检查烘箱内的实际温度，并对烘箱自带的温控表调整误差补偿值

4．除黏机的常规检查项目及调节

除黏机的常规检查项目及调节方式如表2-1-10所示。

表2-1-10　除黏机的常规检查项目及调节方式

序号	常规检查项目	调节方法
1	检查UV-C能量强度	使用UV-C仪表测量灯管能量，对能量强度不达标准值的灯管会影响成像效果，需要进行更换
2	检查灯管散热风扇	检查曝光机排气风扇是否正常运转，无法运转或风量过少的风扇将影响灯管的散热，需要进行更换

十一、制版设备的常规检查方法、常见故障和排除方法

1．曝光机的常见故障及排除

曝光机的常见故障及维修排除方法如表2-1-11所示。

表2-1-11　曝光机的常见故障及维修排除方法

常见故障项目	维修排除方法
UV-A灯管不亮	检查灯管是否已经烧坏，用万能表电阻档位，分别测量灯管同端两接电极是否断路，如果同端灯头两极之间断路即灯管烧坏。如灯管两极没有断路，即灯管完好。检查灯管整流器是否输出电压正常。亦可使用正常的灯管交替测试检查是灯管烧毁还是整流器烧坏
抽气真空值没达到标准值	检查抽气薄膜是否破损，负压阀门是否调整参数正常。对于油式真空泵需要确保其泵内油量达到标准值。如以上检查均正常，则可能泵内气门等配件损坏，可让专业厂家维修或更换处理

2．洗版机的常见故障及排除

洗版机的常见故障及维修排除方法如表2-1-12所示。

表2-1-12　洗版机的常见故障及维修排除方法

常见故障项目	维修排除方法
冲版液温度过低	检查洗版机的温度控制器参数及实际温度之间是否正常，及输出控制状态是否正常。检查发热丝两极是否断路，如发现断路即发热丝烧毁，需要作出更换
冲版液温度过高	检查制冷设备是否运转正常，冷凝器是否正常运转。如冷凝器持续运转而制冷量不足，即需要对其补充冷媒
洗版毛刷距离过高或过低	对于平磨式手动调节的设备，可调整毛刷固定螺丝的高度来修正毛刷与版之间的距离。对于自动式连线机，需要检查底版调整高度的电机及编程电机是否正常动作，并修正其距离设定值
冲版液浓度过高	检查冲版液浓度控制器是否正常动作，新冲版液的补充泵是否正常动作

3. 烘干机的常见故障及排除

烘干机的常见故障及维修排除方法如表2-1-13所示。

表2-1-13　烘干机的常见故障及维修排除方法

常见故障项目	维修排除方法
烘箱不加热	检查烘箱发热丝是否烧坏后断路，如发热丝正常时，需要检查温度控制器及探温头是否正常
烘箱没有风量	检查烘箱内部的热风循环风机是否正常运转
烘箱局部温度过高	检查控温头是否正常，排换气风机是否正常运转

4. 除黏机的常见故障及排除

除黏机的常见故障及维修排除方法如表2-1-14所示。

表2-1-14　除黏机的常见故障及维修排除方法

常见故障项目	维修排除方法
UV-C灯管不亮	检查灯管是否已经烧坏，用万能表电阻挡位，分别测量灯管同端两接电极是否断路，如果同端灯头两极之间断路则是灯管烧坏。如灯管两极没有断路，灯管完好。检查灯管整流器是否输出电压正常。亦可使用正常的灯管交替测试检查是灯管烧毁还是整流器烧坏
机器内容有双氧水及生锈	检查排气风扇是否正常转动，如果机器内部水分含量极高，容易使设备生锈，此时可能需要加装排气风扇增强换新风

第二章

制版

| 第一节　曝光及冲洗 |

| 学习
目标 | 能调节预曝光、主曝光、后曝光时间；能制作48～100L/cm的彩色版；能根据版材厚度调节毛刷与版材的间距；能调节冲洗液的浓度、容量及冲洗时间。 |

| 操作
步骤 |

1. 调整预曝光时间的步骤

（1）确认以正常时间背曝光的印版浮雕是变深还是变浅（步骤以浮雕变深为例）。

（2）向仓管领取一片生版，宽度在251cm左右的生版，长度能分为4段左右。

（3）在第一段上写上正常背曝光时间，后面3段以时间间隔在2～3s左右向上递增，逐一将其独立背曝光。

（4）在曝光后要按照规定的洗版参数进行洗版，以便得出正确的背曝光时间。

（5）版洗完之后放到烘箱里烘干，烘干时间参照烘版测试。

（6）逐个测量背曝光时间所对应的测试版的厚度，计算出浮雕高度，所得正确浮雕的对应测试时间即为调整后的背曝光时间。

2. 调整毛刷与版材间距的步骤

现在的制版设备品牌很多，每一种洗版设备都有它自己的毛刷调整方式。一些制版机在洗版之前微电脑设定时有一栏洗版厚度的选项，可以选择需要洗的印版的厚度即可。部分一些平台式和滚筒式的洗版设备需要在洗版时根据版材厚度来调整毛刷与印版之间的间距。以下操作步骤以滚筒式洗版设备为例来详细介绍印版与毛刷间距的调节。

（1）将需要冲洗的印版平整地贴于洗版机的滚筒表面。

（2）转动滚筒将贴有印版的一面转到毛刷处，将毛刷初调至和印版版面有接触即可。

（3）启动洗版电源，开始洗版，查看毛刷与印版的间距，进行微调。

（4）在印版冲洗一段时间后，查看毛刷与印版的间距，如间距变大需要微调至恰当间距。

相关
知识

一、预曝光时间与印版浮雕深浅的关系

　　背曝光也称为预曝光、前曝光。背面曝光是印版的背面对印版进行均匀曝光。背面曝光的主要目的是确定印版的图文深度，加强版材底基膜和感光树脂层的结合力，提高耐印力。底基的厚度与曝光时间成正比，即曝光时间越长、底基越厚，其关系如图2-2-1所示。

　　背面曝光时间应由版材的型号种类而定，正常版底厚度占总厚度的55%～60%，如不能确定背面的正确曝光时间，则要做一些试验，方可正确地进行背面预曝光，以达到效果。

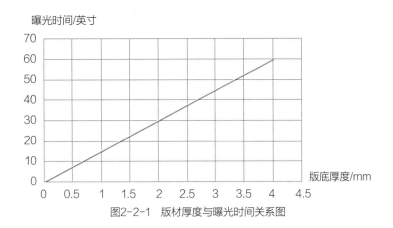

图2-2-1　版材厚度与曝光时间关系图

二、主曝光时间对网点覆盖率的影响

　　主曝光即正面曝光，是将阴图片上的图文信息转移到版材上的过程，它是确定柔性版版面图文清晰度和坡度是否达到最佳印刷效果的关键。

　　主曝光的时间与图文凸面的深度和坡度成反比，即主曝光时间越长，深度越浅，坡度越小，关系如图2-2-2所示。

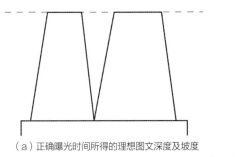

（a）正确曝光时间所得的理想图文深度及坡度

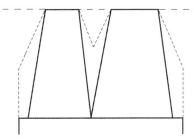

（b）过度曝光后深度变浅，坡度变大（虚线所示）

图2-2-2　主曝光的时间与图文深度及坡度关系

主曝光的正确时间应根据版材型号和光源强弱来决定。曝光时间过短，会使图文坡度太直，线条弯曲，小字、小点部分容易洗掉，印版硬度不足；曝光过度，会使印版图文的深度浅，坡度小，图文失真、膨胀，造成印刷时印迹不清晰，容易糊版。

三、后曝光时间对印版表面硬度的影响

后曝光即对印版进行最后的彻底曝光，是对印版进行全面曝光。目的是使版材内部没有硬化的树脂彻底交联，达到工艺所需硬度，不受油墨和溶剂的影响而变形，从而提高印版的耐印力。

检验和判断后曝光时间的方式标准是参考版材厂家所提供的材料硬度参数，通过调整后曝光时间让版材达到版材设计时的硬度，如后曝光后发现硬度不足，则可以通过延长后曝光时间来提高版材硬度。

四、毛刷与印版的间距对印版质量的影响

洗版毛刷与印版的间距，决定了洗版时的摩擦压力。针对不同厚度的版材，应该对毛刷作出不同高度的调整。常规的做法是把毛刷的压力调整到比需要的高度更少一些。例如1.70mm的印版，我们需要浮雕深度为0.8mm（保留0.9mm厚度的底基），则把毛刷调整到比离版材表面深1.0mm的压力，目的是防止清洗后印版上有剩余的处于半溶解状态的胶体黏连到印版的表面。但摩擦压力越大，越容易使印版线条弯曲，所以这个压力设定以略大于需要的浮雕厚度为宜。

五、冲洗液的浓度、容量、冲洗时间与印版质量的关系

洗版液浓度和容量与洗版时间是成正比的。洗版液的浓度越高，则溶解能力越差，冲洗时间越长。当冲洗液浓度过高时，其残留在印版表面的液体含胶量过高，会影响版材的表面张力，使上墨性能不稳定。过慢的洗版速度也会使版材溶胀变形。在合理的状态下，应保持洗版液的容量、浓度的稳定性，这样即可实现冲洗时间的一致。

第二节　去黏处理

学习目标	能根据去黏机UV-C管功率调节去黏时间；能使用化学方法进行去黏处理。

操作 步骤	根据去黏机UV-C的功率调整去黏时间的步骤：

在印版从烘箱内拿出之后，印版的表面会有黏性。去黏的过程就是将这些黏性去除，增强印版的着墨能力。去黏的质量好坏对后面印刷时候印版的耐印率也有很大联系，所以一块质量达到要求的印版它的版面黏性要恰到好处。一般情况下，印版表面略带一点黏性即可，不能去黏过度。

（1）每一个月测量一次UV-C的功率，并做好相应记录。

（2）在之后测量UV-C的功率时，发现功率有明显降低，则说明需要对之前的去黏时间进行调整。

（3）如果功率降低，表明UV-C灯管的能量就降低，紫外线能量强度值低于7mw每平方厘米时即要更换新灯管。

相关 知识	

一、去黏时间与印版硬度关系

去黏的目的就是去掉版材表面的黏性，增强着墨能力。对版面进行去黏的方法有光照法和化学法，其中光照法去黏用得较多。光照去黏时间的长短取决于显影和干燥时间，去黏时间过长易导致印版变脆开裂。

去黏时间与各型号版材的特性相对应，应按厂家的建议值进行设定。去黏会使版材的表面硬度有轻度提升。

二、去黏机 UV-C 管的作用和性能

UV-C光照法去除版材表面黏性的普遍采用的去黏方法，通过254nm的短波辐射对版材表面进行照射。去黏时间取决于每一款版材的设计配方及UV-C能量的强度。照射时间过长会引起印版表面的开裂、脆化。

三、化学去黏处理的原理和方法

化学去黏法是把烘干后的印版放到去黏溶剂中行进浸泡处理。去黏溶剂分为由漂白粉组成的氯化剂溶液和盐酸、溴化物组成的溴化溶液两种。其目的是增加印版表面的滑度和硬度。

放入版时版面的图文朝上，浸泡时间由溶液的浓度及温度决定。在经过去黏处理后，必须用清水把印版冲洗干净。

第三篇

柔性版制版

（高级工）

第一章

文件处理

本章 提示	能够整理发排文件；版材及设备运行准备；能够操作数字雕刻机；掌握版材曝光 冲洗及烘干。

学习 目标	能输出数字激光雕刻文件（one bit tiff文件或LEN文件）；能检查雕刻文件的网点 线数、角度、网形和尺寸；在数字雕刻机上进行页面拼版并测控安全距离。

操作 步骤	（1）检查要输出的雕刻文件格式 选中雕刻文件，右键/属性，查看文件格式是否为雕刻机可识别的.TIF或.LEN 文件。 （2）检查雕刻文件的网点线数、角度、形状和尺寸 使用TIF预览工具，打开雕刻文件，选择相应的工具，可测量出网点线数、角 度、尺寸。 （3）页面拼版并测控安全距离 打开拼版设置界面，如图3-1-1所示。

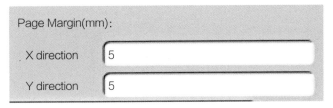

图3-1-1　拼版设置界面

手动拖入雕刻文件至拼版区（图3-1-2），或拖入文件后手动移动。

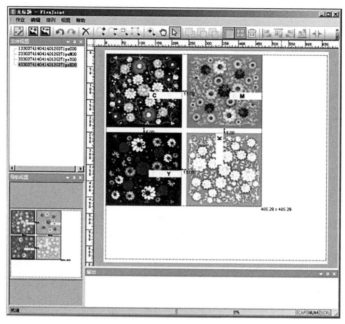

图3-1-2　拼版区

相关
知识

一、彩色原稿的复制原理

1. 层次与彩色复制原理

（1）颜色的属性　人体产生色彩感觉的全过程是：光照射到彩色物体上，反射光或透射光被人眼接收，再被大脑识别，产生色感觉。在这个过程中，光、彩色物体、人眼、大脑构成了色彩感觉产生的四大要素。这四个要素又可被分为两个部分：客观刺激（光源、彩色物体）与主观感觉（眼睛、大脑），在色彩感觉形成的过程中，二者同时存在，缺一不可。当光照射到物体上时，会产生透射、吸收、反射（包括漫散射）等物理现象，但是对形成物体色彩印象起作用的是光的透射、吸收和反射作用。物体之所以呈现颜色，是因为白光照射到物体上时。物体选择吸收（或透过）部分波长的色光，反射（透射）其余波长的色光，从而呈现出了颜色。颜色可分为彩色和非彩色两大类。非彩色是指白色、黑色以及深浅不同的灰色。它们构成一个系列，由白色到浅灰、中灰，再到深灰，直到黑色，称为黑白系列。纯白色是理想的完全反射体，其反射率为100%；纯黑色则是理想的无反射体，其反射率为0。在自然界中，并不存在这样的纯白色和纯黑色。所以，人们规定，当物体表面对可见光的反射率在80%～90%时，该物体即为白色；当其反射率在4%以下时，则该物体即为黑色。除去非彩色以外的各种颜色都被称为彩色。

为了对各种色光和颜色进行较为正确的分析和区别，国际上统一规定了鉴别色彩的三个属性，这就是色相、明度和饱和度。

① 色相（色调）。色相是色彩相互区别的特性。可见光谱中不同波长的光在视觉上表现为各种不同的色相，包含红、橙、黄、绿、青、蓝、紫。通常称红、橙、黄三种色相为暖色调；青、蓝、紫为冷色调；绿色为中间色调。光源的色相取决于人眼对其辐射的光谱成分产生的感觉；物体的色相则取决于人眼对光源的光谱成分和物体表面反射（透射）的各波长辐射的比例所产生的感觉。例如，在日光下，一个物体反射480～560nm波长范围的光辐射而吸收其他波长的光辐射，则该物体表面为绿色。

② 明度。明度指由光的刺激所产生的视觉明暗程度。由于颜色的明度是一个物理量，除了受物体本身反射光能量大小的影响外，还与整个视场的照度有关。在非彩色系列中，物体颜色越接近白色其对光的反射率越高，明度也越高；反之，越接近黑色，对光的反射率越低，明度越低。对彩色物体而言，其表面的光反射率越高，则它的明度越高，颜色越鲜艳。例如黄褐色物体表面对可见光谱各个波长的光都比红色物体表面对光的反射率要高，可对人眼产生更高的明亮感，所以黄褐色物体比红色物体的明度高。如图3-1-3所示。

③ 饱和度。饱和度是指彩色的纯度，表示物体反射或透射色光的选择程度。可见光谱中各单色光的饱和度最高。

颜色替代定律中指出，任何一个颜色C都可以用一定置的波长为λ的单色光$C_λ$和一定量的白色光W的混合来匹配。用公式表示为：$C=C_λ+W$。

因此，一个颜色的饱和度可理解为匹配该色的单色光占全部色光的比例。以S代表饱和度，对于非彩色则只有明度的区别，没有色相和饱和度属性。

颜色的三属性可以用一个三维空间的立体图来表示，如图3-1-4所示。垂直轴代表黑白系列明度的变化，顶端是白色，底端是黑色，中间是各种递变的灰色。

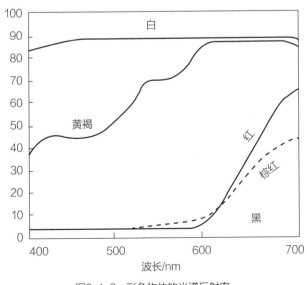

图3-1-3　彩色物体的光谱反射率

图3-1-4　颜色立体图

色相由水平面的圆周表示，圆周上的各点代表光谱色中的各种不同的色相（红、橙、黄、绿、蓝、紫）；圆形的中央是中灰色，中灰色的明度和圆周上各种色相的明度相同。从圆周向圆心过渡表示颜色饱和度逐渐降低；从圆周向上、下（白、黑）方向变化则表示颜色明度的变化。颜色色相和饱和度的改变不一定伴随明度的变化。当颜色在立体中同一平面上变化时，只改变色相或饱和度而不改变明度。位于立体中心圆周上的颜色，其饱和度最高。

（2）层次复制原理

① 图像复制的基本概念

a. 密度（光学密度）。物体吸收光线的特性量度，即入射光量与反射光量或透射光量之比，可分为反射密度和透射密度，用反射率或透射率倒数的十进位对数表示。图像的明亮程度可用密度表示。

b. 阶调。阶调是在图像信息还原过程中，一个亮调均匀的面积的光学表现，通常用阶调对光的透射和反射程度以及密度表示。画面阶调通常划分为亮调、中间调、暗调、极高光部位。亮调是指画面上的明亮阶调；暗调是指画面上的阴暗阶调；中间调是指画面上介于亮调和暗调之间的阶调。

c. 层次。层次是指图像上自最亮到最暗阶调的密度等级。层次的多少决定画面上色彩的变化和质感。层次通常用梯尺来量度。

d. 层次曲线。原稿密度和复制品密度之间的关系曲线即被称为层次曲线。

② 层次复制的必然压缩性。理想的层次曲线如图3-1-5中曲线A所示，即在相同刻度的直角坐标中与横坐标呈45°的直线。然而在印刷复制中这种理想层次曲线是不可能实现的。这是由于一般彩色正片原稿的密度范围约为2.7～3.0（即最暗的密度值和最亮的密度值之差），而印刷品的最大密度范围约为2.0（最好的涂料纸约为1.8，一般涂料纸约为1.6，而新闻纸约为0.9）。因此必须对原稿密度进行压缩以适应印刷的要求。压缩后的层次曲线如图3-1-5中曲线B所示。但若按此线性压缩，复制出的印刷品会呈现灰平结果，即画面暗调部分不够厚实，高光部分不够明亮。原因是人眼的视觉并非线性，通过对大量优质印刷品的分析和反应，层次调整的重点应放在高光调和浅中调上，根据孟塞尔视觉原理和视觉生理特性，证明人眼视觉对密度差别的分辨能力不同，即在亮调区的分辨灵敏度高；在暗调区的分辨灵敏度差。所以实际的胶印复制曲线应如图3-1-5中曲线C所示，既符合人眼视觉特性，又能达到印刷复制的要求。

层次压缩范围应与印刷用纸相匹配。不同纸张类型层次范围不同。

层次压缩要注意使原稿的明、暗反差与印刷品的明暗反差相匹配，即充分利用纸张的白度和印刷油墨所能呈现的最佳密

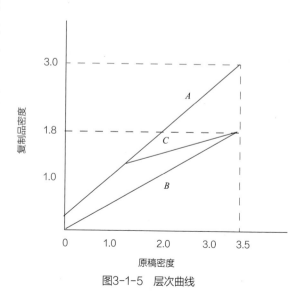

图3-1-5　层次曲线

度。合理的层次范围，不应在高光部位该绝网的地方有网点，或在该有网点的地方绝网；暗调的网点面积率设定不能过低或过高。高光和暗调网点的设定值与原稿类型有关。

（3）彩色复制原理

① 色光

a. 色光三原色。能以不同比例在视觉中构成各种颜色，而又非其他两个原色光所能混合出来的色光称为原色光。色光三原色是红、绿、蓝三种色光。国际标准照明委员会（CIE）于1931年规定这三种色光的标准波长是：红色光（R）700nm，绿色光（G）546.1nm，蓝色光（B）435.8nm。

自然界中各种颜色都能由这三种原色光按照一定比例混合而成。

b. 色光加色法。按红、绿、蓝三原色光的加色混合原理生成新色光的方法为色光加色法。在三束光重叠的地方为白色，因为眼睛的三种感觉细胞接受的是同等的刺激，这说明白光是由红、绿、蓝三原色光以适当的比例混合而成的。在蓝光和绿光重叠的部位是青色，绿光和红光重叠的部位是黄色。

假如我们用红光和绿光的混合来说明色光加色法的原理。采用两种色光，一个是通过绿滤色片后得到的绿光，一个是通过红滤色片后得到的红光，将这两个色光混合，可获得黄色光。这是因为眼睛中感红和感绿的系统受到了同样的刺激而感到黄色。可见，不但特定波长的单色光可刺激感色系统产生黄的感觉，且感红和感绿系统的刺激值粗略相等时也能产生黄色的感觉。

当不同波长的色光相混合时，其光谱频率相加，可产生一种新的、更加明亮的色光，所以色光混合被称为加色法混合。色光加色法混合的规律可如图3-1-6所示。

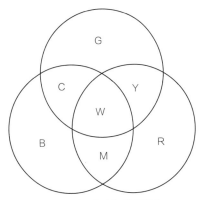

图3-1-6　色光加色法混合

用颜色方程可表示为：

红+绿=黄

绿+蓝=青

红+蓝=品红

红+绿+蓝=白

c. 色光混合方式。色光混合有两种方式：其一，色光在眼外相加，混合后的色光进入人眼使人眼产生色觉。这种情况叫视觉外加色法；其二，色光在眼内相加，这种情况叫视觉内加色法，又分为动态加色混合与静态加色混合。

动态加色混合是指当不同波长的光，在极短时间内（1/10s内）连续进入人眼时，由于人眼对色光有1/10s的滞留效应，当第一种色光还未从人眼消失时，第二种色光又进入，形成了不同波长色光对眼睛进行快速交替刺激的循环作用，在人的视觉里产生了加色混合，比如麦克斯韦色盘的高速转动效果。静态加色混合是指不同的细微质点以疏密不等分布时，其各个质点可反射出不同波长的色光，当其质点间距的入射角小于人眼分辨力的r视角时，这些反射光会同时被一组三色锥体细胞接受，此时产生的色觉，就是两种或三种色光的能量相加后对一组锥体细胞的综合刺激，也会产生视觉内的加色效果，这种现象称为静态加色混合。

② 色料

a. 色料三原色。用于减色法呈色的三种原色称为色料三原色，这三种原色应该具有其中两种无论以什么样的比例混合都不能产生第三种原色的性质。色料三原色应是青、品红和黄色。它们的每一个颜色应能减去白光中的三分之一色光，相应地反射或透射三分之二的色光。习惯上也常把色料减色法的原色品红叫做减绿色，黄色叫做减蓝色，青色叫做减红色。因为减色三原色中的每一种都相当于白光中减去一个光谱色光后的色彩，并且这种名称和加色法三原色的名称都能相对应。

b. 色料减色法。指按黄、品红、青三原色料（如颜料、油墨）减色混合原理成色的方法。

在白炽灯上加上红色的透明纸，灯光便成了红色，好像红色的透明纸给白色的灯光加上了一种颜色。实际上恰好相反，只有当人的视网膜三种感色细胞同时受到等量而又较强的刺激时才有白色的印象，白光是多种色光的复合。红色透明纸吸收了白光中的其他色光，只透过红光，则给人以红色的印象。如果用黄滤色片取代红透明纸，则不仅透射过红光、也透过绿光，使视网膜上的感红色细胞和感绿色细胞同时受到刺激，因而有黄色的印象。可以说是白光中减去了蓝光而剩下红光和绿光而产生黄色的印象。这种从白光（或复合光）中减去一种或几种色光而得到另一种色光的效应叫减色效应也就是色料减色法。

如果把红、绿、蓝三个滤色片两两相叠放于一个白光源之上时，就没有光线通过了。因为这三色滤色片滤去光的波长范围是互不相干的，也就是说没有一个滤色片能透射过另两个滤色片透射过来的光。而用青、品红和黄滤色片进行同样的实验，情况就不同了。因为每个滤色片通过的是光谱中三分之二的色光，如果两两重叠在同一个光源上，就可以产生其他的颜色。任意两个滤色片混合减色后通过的光是色光三原色之一。例如，青滤色片从白光中减去红光，品红滤色片则减去绿光，当两种滤色片相叠之后，只剩下蓝光。如果把三个滤色片重叠在一起，黄滤色片又减去蓝光，则所有的光都被减去了。

青、品红和黄色的颜料两两等量混合，其成色情况和滤色片成色情况是类似的。例如青色颜料和黄色颜料混合产生绿色，青滤色片和黄滤色片重叠也产生绿色。

减色法成色的实质是颜料或其他带色物质将白光光谱中的某些色光有选择地吸收掉了，造成了从白光中减去某些色光的效果，人眼所观察到的颜色正是白光中减去某些色光之后所剩的色光。被减去的色光和剩余的色光互为补色。减色法说明了白光是产生颜色的根源，一切颜色都包含在白光之内。

c. 互补色定律。白色光可以被分解成红、绿、蓝三原色而红、绿、蓝三原色光混合起来又成为白光。这说明色光与白光之间存在着一定的联系。补色是加色混合后成白光或灰光的两个互补色光，减色是混合成黑色或灰色的两个互补色料。例如青（C）和红（R）互为补色，品红（M）和绿（G）互为补色，黄（Y）和蓝（B）互为补色。

③ 分色原理。分色是把彩色原稿分解成各单色版的过程。

分色的原理就是利用红、绿、蓝色滤色片的选择性吸收制得色光三原色的补色版，即黄、品红、青三张分色阴片。滤色片是对可见光作选择吸收和透过的透明介质。其作用是通过三原色中一种色光（本色光），同时吸收其他两种色光（补色光），使感光片上只感受一种色光，其他两种色光不能感光。这两种没有感光的色光就构成了补色，也就是色料三原色中的一种颜色。感光片经曝光、显影、定影后形成一张有浓淡层次的图文阴片（色调和灰调与被复制对象相反）。

图3-1-7中是彩色原稿示意图，它包含构成全部色调的8种颜色。当用白光照射原稿时，原稿便可反射或透射出各种颜色。

若在照相机的镜头前，插入一个蓝滤色片，使原稿中含蓝光的部分透过，在感光片上感光形成潜影，经显影处理，变成黑色影像（形成密度），而其他部分是透明的，如图中的A_1所示。用这张感光片拷贝成阳图后，在阳图片上，绿、黄、红区域的密度大，如图中的A_2所示。因此，用这张阳图片晒版后，制得的是黄版，如图中的A_3所示。

用绿滤色片分色时，原稿上只有能反射或透射绿光的部分，通过滤色片和镜头，在感光材料上感光，形成高密度区域，而含红、蓝的部分在感光片上几乎是透明的，如图3-1-7中的B_1所示。用此分色片拷贝阳图（图3-1-7中的B_2），再用这张阳图片晒版，即制得品红版（图3-1-7中的B_3）。

把红滤色片装在镜头前时，只能透过原稿上反射或透射出来的红光，绿光和蓝光被滤色片吸收，曝光的感光片经显影处理后，与原稿相应的红色部分变成黑色，而含绿色和蓝色的地方变透明，如图3-1-7中的C_1所示，用这张感光片拷贝成阳图，阳图上绿色和蓝色部分的密度高，如图3-1-7中的C_2所示，再用拷贝的阳图片晒版，就制成了青版，如图3-1-7中的C_3所示。

经过滤色片分色以后，彩色原稿被分解为三张分色阴片。其中每一张分色阴片只能表现

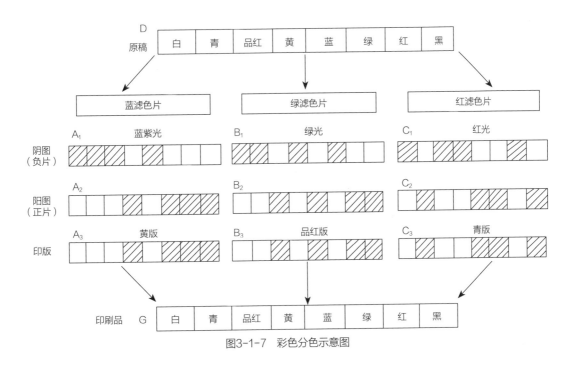

图3-1-7　彩色分色示意图

原稿的某些特定部分。这三张阴图片在画面各部分的密度分布彼此不同。密度的大小由原稿的每一部分反射（透射）光量的多少而定。将三种色调的图像套印在一起，便可复制出原稿的色彩和阶调，如图3-1-7中的G所示。

④ 四色彩色复制工艺

四色彩色复制工艺指用黄、品红、青、黑四种油墨进行彩色复制的工艺，增加黑版的作用是：

a. 由于黄、品红、青三色墨的色彩特性缺陷，影响图像的灰色再现，黑版的加入，可弥补三色灰平衡的不足。

b. 提离画面对比度。

c. 改善暗调的细微层次。

d. 用黑墨可取代一部分彩墨，降低成本高的彩墨消耗。

e. 用黑墨取代一部分彩墨，避免了堆积过厚的油墨层，更适合于高速湿压湿印刷。

黑版的分色可以很灵活，其调子长短、深浅可根据原稿的情况、材料、设备情况具体分析、确定。

（4）色彩再现原理

① 网点图像印刷的必要性和可能性

网点是组成网点图像的像素。通过面积和（或）墨量变化再现原稿浓淡层次和色彩。

用网点构成的图像再现连续调图像，这是目前普遍采用的印刷复制方法。在复制连续调原稿时，都要通过加网工艺，把密度连续变化的图像转化为由网点组成的网目调图像。因为印刷版面上只有着墨与不着墨两种状态，没有网点结构只能再现黑与白两个层次。为了表现连续调图像层次，必须运用单位面积内的网点个数相同而大小不同，产生着墨面积率不同的原理，即网点越大，着墨面积率越大，所呈现出的密度也越高；网点越小，着墨面积率越小，所呈现出的密度也就越低。

对于网目调图像，在一定距离以外观看时，其密度变化是近似连续的；但是放大局部图像，可发现画面上由网点构成的花纹。这就是由人眼的视觉特点造成的。

人眼区分两个不同发光点的能力用视觉敏锐度表示。视觉敏锐度的定义是人眼恰能分辨出的两点对人眼所张的视角的倒数（视角以分为单位）。经验证明，正常人的视角一般为1'，所以视力为1.0左右。如果可以分辨视角为0.5'处的两点，即视力为2.0。

当印刷品中所使用的网点间距小于此距离时，人眼就无法分辨。由这种网点构成的图像就被视作连续调图像。由此说明用网点图像再现连续调图像是可以办到的。

② 网点的形状与角度

a. 网点形状。在网点传递过程中，网点形状是影响阶调再现的重要因素，尤其是在印刷工序中。传统网点的点形有方形和圆形，目前常用的是锥形（或称菱形）网点，还有一些新型点形如子母点、三合点等。相同网点百分比的不同形状网点的周长总和也不同，因而网点增大率不同，其中圆形网点周长最短。因网点在印刷时，是沿其边缘向外增大的，所以网点周长越长，网点增大越严重。

网点在由小变大的过程中，总有开始搭接的那一部位，在这个部位，由于网点的搭接会造成密度的突然上升，因而破坏了阶调曲线的连续性，造成某阶调区域的层次损失。例如肤色，恰好处于黄、品红版的中间调，由于网点的突然增大极易造成阶调生硬，缺乏细微层次变化。方形、圆形、链形网点的网点搭接状况不同，由此引起的密度跳升也不相同。相比之下，首选链形网点，因为：第一，网点搭接避开了中间调；第二，网点搭接分成两次，减弱了密度跳升程度。

b. 网线角度。无论是网屏，还是加网得到的网点图像，上面都布满了规则排列的网点，网线角度表示网点的排列方向，加网的网点图像以印刷品上的网点排列方向为准。确定加网阴图或阳图的网线角度时，应使画面左右方向与印刷品一致，这样就有可能从胶片的乳剂面进行观察，也可能从胶片的片基面进行观察。

网点对角线的连线叫网目线，其中链形网点以网点的长对角线为网目线。基准线与网目线的夹角就是网线角度，基准线有两种取法：一种是以水平线为基准线，由水平线逆时针方向转到网目线；另一种是以垂直线为基准线，由垂直线顺时针转到网目线。

网线角度的选择在制版印刷中是一个重要的问题。选择原则为尽量使网点的方向性不被察觉，更重要的是注意多色版的网线角度搭配，不能产生龟纹。实际上，任何两种周期性结构的图案相叠加时，很可能产生第三种周期性结构，即莫尔花纹，当典尔花纹十分醒目，且对正常图案产生干扰时，就称为龟纹。

③印刷网点的变化规律

a. 印刷网点增大的必然性。在印刷过程中，网点由于受到机械挤压、油墨的流体扩展以及纸张的双重反射效应（图3-1-8），会造成承印物上网点面积比印版上相对应部分的网点面积有所增大，这种适当的增大属于正常现象，但一定要控制在允许范围内，并进行数据化管理。

纸张的双重反射效应会造成网点增大，当白光照射到白纸上，由于纸张纤维的吸收作用，只能反射80%。光通过油墨层是减色反射，如青墨可反射蓝光、绿光，吸收红光。在油墨交界处，白光照射后仅能反射入射光的10%，人眼看上去印刷网点周围仿佛有印迹，而会产生网点增大4%～10%的感觉。

b. 网点面积增大与网点边缘长度成正比。图3-1-9标出的是5%～95%的各级网点边缘长度，其数值为边缘长度与网点中心距的比数，网点的中心距离，可假设等于1。因此在

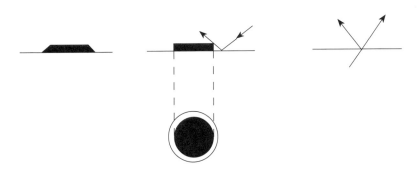

（a）油墨的流体扩展　　　（b）光在油墨交界处的反射　　　（c）光在白纸上的反射

图3-1-8　机械网点扩大和光学网点扩大

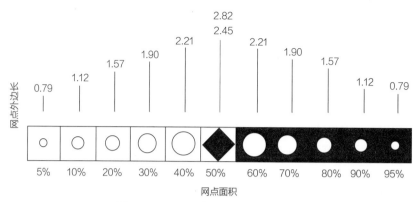

图3-1-9　不同网点面积与外边长的比值

50%这一级的上面标有两个数字，2.45是一个圆点，2.82是指一个方点。方点的边缘比一个面积相同的圆点长15%，所以方点比圆更容易产生网点增大。

网目越粗，单个网点面积越大。总面积上网点个数越少，总的网点边缘长度越短，在同样条件下打样印刷网点增大值就越小。

2．图像层次校正

层次调整是对原稿信息（如密度值）和分色版信息（如网点百分率）之间的关系曲线作非线性压缩。

（1）照相蒙版法层次调校原理

① 层次蒙版的作用。蒙版的层次调节作用是通过连续调图像的密度叠加实现的。当两幅连续调透射片叠合时，其任意点上的叠合密度都为两图像密度值的算术和。叠合图像的反差取决于两图像反差的代数和（以阳图反差为正值，阴图反差为负值）。因而，当两图像的层次曲线相加时，将同一横坐标上的两个纵坐标值相加即可得到叠合图像的层次曲线。所以反差调节遵循这样的规律：若要压缩反差，则与异相图像叠合（阴图+阳图）；若要保持反差，则与平调图像叠合；若要拉大反差，则与同相图像相加（同是阴图或同是阳图）。

② 层次蒙片的制作。先用硬性感光片对原稿做少量曝光，只摄取亮调层次，其余只有灰雾密度，该片为高光蒙片。将高光蒙片回蒙于原稿再照相，制作出二级蒙片。即可作为分色时使用的蒙片——主蒙片。由于高光蒙片预先对原稿亮调层次压缩，在主蒙片上亮调为平调，已无压缩层次的作用。将主蒙片回蒙于原稿进行分色照相时，从整个阶调看，阴图蒙片与阳图原稿叠加，虽然反差被压缩，但亮调层次得到保护。

（2）电子蒙版法层次调校原理　模拟式电分机的层次校正是用电信号的运算模拟照相蒙片法的密度叠加实现的。它是将原稿黑白场之间的层次分为三个层次段，即高光层次段、中间调层次段和暗调层次段。然后分别用各层次段的层次校正信号和主信号叠加以达到对各分色版全阶调层次校正的目的。层次校正可分两步：第一步是通过电子电路产生高调、中调和暗调层次校正信号。第二步是用层次校正信号和各色版的主信号叠加。并通过操作面板上的控制旋钮来调节校正量，从而达到层次校正的目的。

（3）数字式层次调校原理　数字式层次校正是根据灰度变换的原理来进行的。即首先由生产厂家根据不同的工艺，经过反复实验建立多种标准复制曲线，构成灰度变换的数据库，用户可根据自己的生产条件对标准曲线进行修改，设定相应的控制参数。即用户根据原稿的复制目的及要求，输入控制参数的校正值，校正值输入计算机后即对标准层次曲线的灰度变换模型进行修正，形成新的层次再现数据库，从而完成对图像层次的校正。

3. 图像色彩校正

彩色复制过程是色分解、色传递、色组合的过程，在复制过程中始终伴随着有色误差的产生。造成色差的原因很多，其中最主要的因素是滤色片和油墨。

（1）滤色片引起的误差　理想的制版分色滤色片应吸收其全部的补色光，而只通过本色光，但实际上滤色片的滤色效果都不能达到理想值。

（2）油墨引起的误差　印刷品主要是以油墨来表现色调和层次的。理想的三原色印刷油墨应该完全吸收一种色光，完全反射其余两种色光，但实际的印刷油墨，由于颜料、制造工艺等条件的影响，使油墨成色特性和理想油墨有很大的差异。

（3）校色　校色是指在彩色图像复制中，使印刷品的色还原更接近原稿的分色片修正的工艺。

校色的目的就是要提高分色片上基本色的密度，使其接近黑色块；降低相反色的密度，使其接近白色块。为达到此目的，在照相制版中采用蒙版校色。在电子分色制版中采用电子蒙版校色。

二、文件输出的方法，加网的知识

1. 网点的基本概念

柔印是通过网点来复制原稿图像层次的，所以网点是柔印复制过程的基础，因此，胶印又被人们称为半色调印刷。网点在印刷复制各工序间的准确传递乃是确保制版与印刷质量的最关键要素。网点在胶印中的主要作用：

① 在印刷效果上担负着呈现色相、亮度和彩度的任务。

② 在印刷过程中，是亲油斥水的最小单位，是图像传递的基本元素。

③ 在颜色合成中，是图像颜色、层次和轮廓的组织者。

2. 网点的分类及印刷适性

网点主要分为调频网点（FM）[图3-1-10（a）]、调幅网点（AM）[图3-1-10（b）] 和混合网点三大类。混合网点是一种混合加网生成的网点，这种网点以调幅网点为骨架，以调

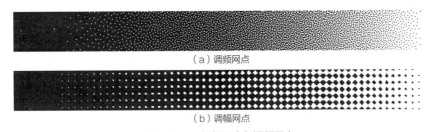

（a）调频网点

（b）调幅网点

图3-1-10　调幅网点与调频网点

频网点为修饰，网点的形状各不相同，位置略呈随机分布，并具有调幅网点和调频网点的特性。混合加网的好处是不存在网点角度的问题，减少了低频成分，降低了画面颗粒感，减少了高频成分，提高印刷稳定性，所以混合网点的印刷适性比调幅和调频网点都好。

（1）调频网点　调频网点是采用计算机处理技术，在硬件和软件的配合下所形成的，网点在空间的分布随图像内容而改变，即网点随机分布的调频加网有两种基本类型，一种是每个网点的面积保持不变，依靠改变网点密集的程度，也就是改变网点在空间分布的频率，使原稿上图像的明暗层次在印刷品上得到再现［图3-1-10（a）］。这就是通常所指的调频网点，也称为一级调频网点。调幅网点的网点间距离相同而网点大小不同；而一级调频网点则是根据输入像素的明度和黑度，改变网点中心间的距离而网点大小相同。从而使传统平版印刷工艺在两个主要方面得到改善。一种用较小的印刷网点达到创造较多的图像细节、以较高的油墨密度达到增加色调范围和对比度的目的。另一种是网点大小和空间分布频率均有变化的网点，这种网点称为二级调频网点。

调频网点的主要优点是：

① 不产生龟纹。由于调频网点是无规则排列的，因此，从理论上消除了龟纹（调频加网没有网角的概念）。

② 由于调频加网不是依靠网点大小变化调节油墨量，因此可以使用很少几个甚至一个激光光点来构成网点，网点可以做得很小，使印刷品较精细。

③ 一般来说，调频网点在印刷中很少发生网点扩大突变。

④ 容易实现高保真印刷。由于不受网点角度的限制，可以采用多于四色的印刷，加大了颜色复制的范围。

尽管调频加网有以上诸多优点，但也存在着一些缺点，而且有些缺点还是目前印刷条件所不易解决的，从而限制了调频加网的使用，最主要的问题是：

① 网点丢失严重。由于网点小，几乎达到了晒版和印刷的极限，所以在晒版和印刷过程中很容易丢失网点，造成图像层次的大量损失。

② 对印刷条件要求苛刻。由于网点小，对印刷机的精度要求高，水墨平衡的控制不易掌握，也会造成图像质量变差（调频加网很适合无水胶印）。

③ 质量控制难度加大。由于调频加网是一种新型的加网方法，传统的观察网点和判断颜色的方法都不再适用，网点扩大的规律不相同，所以对现在的操作人员来说，控制印刷质量有一定的难度。

④ 加网计算量大，输出速度慢。

调频加网是一种新型的工艺，既可印刷精细产品，也可以用于低精度的报业印刷，因此受到印刷界普遍关注。

（2）调幅网点　调幅网点是利用加网专用网屏或通过电子分色机的网点发生器采用激光进行电子加网形成的网点。目前，我国由于受操作人员素质、工艺条件以及胶印机的精度等条件限制，胶印制版仍以使用调幅网点为主。

① 调幅网点三要素。在制版中，确定调幅网点有三个要素，即网点面积率，网点的线数和网点的角度。

表3-1-1　网点面积大小的对照

100%	90%	80%	70%	60%	50%	40%	30%	20%	10%
实地	九成	八成	七成	六成	五成	四成	三成	二成	一成

网点面积率是指单位面积内网点所占面积的百分比，即网点的面积覆盖率。我国习惯用网点的成数来表示网点面积率。表3-1-1所示为网点面积率与网点成数的对应关系。

网点面积率控制了纸张单位面积内被油墨所覆盖的面积大小，使光线部分被吸收，部分被反射。例如一成网点，单位面积的纸上有10%的面积被油墨所覆盖，吸收光线，90%的纸面反射光线。同理，五成网点是指单位面积的纸上有50%的面积被油墨覆盖，纸面吸收和反射的光线各占一半。而九成网点则是单位面积的纸上有90%的面积被油墨所覆盖，吸收光线，10%的纸面反射光线。相比之下，一成网点吸收光线少，反射光线多，而九成网点吸收光线多，反射光线少。网点的大小从网点覆盖率10%、20%……直到实地，划分为置10个层次，并在每个层次之间设立5% M网点级差，加上小于5%的小黑点和介于95%到100%之间的小白点，又划分成22级。所以，网点覆盖率总共是10个层次22级，印刷品的层次是通过网点覆盖率的改变来呈现的。

在实际工作中，通常可用10~25倍的放大镜目测识别网点大小，其具体规律如表3-1-2。

a. 若在两个网点之间，能容纳三个同样大小的网点，称为一成网点。

b. 若在两个网点之间，能容纳两个同样大小的网点，称为二成网点。

c. 若在两个网点间，能容纳$1\frac{1}{2}$个同样大小的网点，称为三成网点。

d. 若在两个网点间，能容纳$1\frac{1}{4}$个同样大小的网点，称为四成网点。

e. 黑白各半，两个网点间能容纳一个同样大小的网点，称为五成网点。

表3-1-2　网点成数计算表

网点成数	1	2	3	4	5	6	7	8	9
在网点间能容纳同面积网点的个数	以黑点距离计算			黑白各半		以白点间距离计算			
	3	2	$1\frac{1}{2}$	$1\frac{1}{4}$	1	$1\frac{1}{4}$	$1\frac{1}{2}$	2	1

五成以下的网点与五成以上的网点可相应地互补，即四成网点与六成网点互补，三成网点与七成网点互补，二成网点与八成网点互补，一成网点与九成网点互补。也就是从六成网点开始则以白点的间距能容纳多少同样大小的白点来判定，其鉴别如图3-1-11所示。

网点线数，又称加网线数或加网频率。它是指单位长度内所含平行线的数目，即每英寸内单向透明平行线的条数，因为1in=2.54cm，所以，英制和公制两种网线数可以互相换算

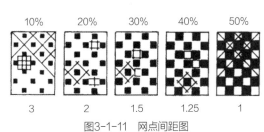

图3-1-11　网点间距图

（表3-1-3）。

表3-1-3　网点线数的换算

线/in	60	75	80	100	120	133	150	175	200
线/cm	24	30	342	40	48	54	60	70	80

网线越细，单位面积内所容纳的网点越多，而且，网点线数越高，单位面积内所容纳的网点数目增加越快。网点线数的提高，大大地丰富了印刷品表达的层次，增强了阶调复制的效果。反之，网点线数降低便会减弱网线所表达的层次，阶调复制效果也随之降低了。

不过，网点线数的选择主要取决于印刷品的类别及用途，纸张的种类和表面状况（表3-1-4）。

表3-1-4　不同印刷品的网点线数

网点线数	印刷品类别	视距	用纸
30~85线/in	纸箱类	较远	瓦楞纸板
60~120线/in	纸箱预印、纸袋类	较远	铜版纸
100~150线/in	塑料软包装类	较远	塑料薄膜
150~200线/in	标签类	较近	高级铜版纸、塑料膜

② 网点角度。网点角度一般是指网点排列线（网目线）和水平线（基准线）之间的夹角。

印刷复制是利用网点成数不同的印版进行套印再现原稿色彩的。对于四色套印的印刷品来说，如果四块印版有同样网点角度，且在印刷时各版上相应的网点能够准确重叠，那么会得到最佳的效果，然而这是不可能的。当类似的半色调网屏图案叠印时，图案的方向是很关键的。如果方向不恰当，就会导致称作"龟纹"的干扰图案，如图3-1-12所示。这种图案随着分色片的数目和网线间的夹角而改变。在单色半色调印刷中，一般情况下网屏图案的方向采用45°，这是因为在其他角度上，尤其是0°或90°，即使网屏线数超过眼睛能分辨单个点子的极限，眼睛也能看到成行的点子和看出线型图案。但是，如果为四色套印准备分色图像，则需要为每一幅主色图像指定加网角度。其原因是在多于二色的半色调（或颜色）图像叠合时，合成图像中都会出现龟纹，甚至在黑白印刷中，如果其原稿带有花边或人字形图案、加网图像或纺织品，也会显示出龟纹图案。

由于龟纹是因加网图案网点角度不适当引起的，所以可以通过合理安排各网屏图案网点夹角减少龟纹。实践表明，网屏间的夹角为45°时，其龟纹图案最小，网屏夹角为30°时形成的龟纹图案和45°时形成的差别不大。因此，30°夹角允许三种颜色叠印而产生的龟纹最小。然而，四色印刷却存在严重的问题。

当两色间的网角差不为30°时，龟纹图案随着角度差的增加而变小且不易觉察，黄与品红和青的网角差为15°时，很可能产生橙、红和绿色的明显龟纹。当两色间的网角差不能满足30°网角差要求时，也可通过使用不同网屏线数的半色调来减少龟纹。

通常图像的主色调分色图像网角限45°。如：在橙或褐色（例如皮肤色调）很突出的主题中，品红通常用45°，黑用15°；当主题中绿是主要色、红是次要色时，青用45°，黑用75°。

杂志印刷中黑、品红和青的半色调使用133线/in，黄色所用的网屏线数为120线/in或150线/in。

③ 网点形状。网点形状分为常用点形和特殊点形。常用点形（如方形点、圆形点、链形点）是目前生产中普遍采用的网点形状，特殊点形（如子母点、三连点、

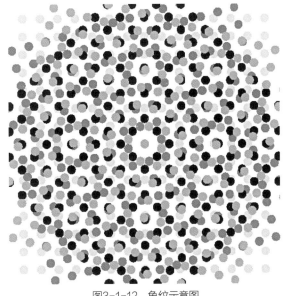

图3-1-12　龟纹示意图

波纹点、同心圆形点等）是为获得特殊的艺术效果专门设计的网点形状，用以改善图像的阶调。现在，随着计算机技术的发展，加网技术也不断更新，例如艺术加网、三维加网、仿实物加网技术等，不断地应用在胶印制版中。

a. 正方形网点。若沿45°方向排列则在50%网点处黑色与白色刚好相间成棋盘状。此类网点很容易根据网点间距判其网点的相对面积率，它对原稿层次的传递较为灵敏。

b. 菱形网点。此网点表现的画面阶调特别柔和，反映的层次也很丰富，对人物和风景画面特别合适。

c. 圆形网点。画面中的高光和中间调处网点均互不相连，仅在暗调处网点才互相接触，因此画面中间调以下的网点扩大值很小，可以较好地保留中间调层次。

④ 网点跳跃。常规网点除了容易出现龟纹和玫瑰斑结构外，另一个不足是，在网点开始搭接前后出现的层次跳跃，其原因是印刷（压印）过程中油墨颗粒被挤压时发生的网点增大。图3-1-13分别说明了正方形网点、圆形网点和菱形网点在图像复制时阶调跳跃的情况，不同形状的网点出现阶调跳跃处的网点百分比也不同。

a. 网点接合角。由于数字网目调加网工艺中各阶段的空间频率响应有限，故在阶调复制时在网点连接的角点处有角点范围不连续的趋势，造成网点的四个角依次搭接，而不是直接相连。不能像照相制版那样得到满意的网点接合，即网点接合在几何上是不对称的。这隐含了具有某些低空间频率的能量，从而使网点的边缘变得平滑，这一特点使得表现原稿细节有困难，操作时需要小心。为了避免这一情况的发生，有时可采用椭圆网点，这样可使角点两两相接，在50%的网点处形成45°。在数字加网技术中可以实现这种类型的网点接合，见图3-1-14。

b. 网点周长的影响。为了使网点排列更紧凑，更有效地表现原稿的阶调和层次，对具有相同面积的网点应该尽可能使用它的周长为最小。理论分析表明，在同面积的网点中，圆形网点的周长最小，网点增大值也最小。由于油墨的互相黏结，印刷时通常有网点增大的趋

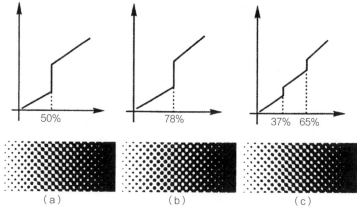

图3-1-13　不同网点形状的阶调跳跃图
（a）正方形网点　（b）圆形网点　（c）菱形网点

图3-1-14　椭圆网点

势。如果所采用的网点形状其凹角和裂口越多，则网点的周长就越长，油墨可铺展的面积也越多。网点越大，印刷时的网点增大就会越严重，复制出的颜色会变得越深（暗）。考虑到图像复制时的阶调跳跃现象是与印刷时的网点增大有关的（网点增大越严重，阶调跳跃现象将越明显），因此在分析阶调跳跃问题时不能不计入网点周长的影响。

　　c. 降低阶调跳跃的理想网点形状。在设计网目调网点时必须考虑的一个问题是网点开始彼此接触（在50%网点百分比处）时将发生什么现象。如果这一问题没有处理好，则可以估计到将产生阶调跳跃现象，并因此而使复制出的颜色发生偏移。

　　包括Adobe公司的欧几里得网点在内的某些网点，在50%的网点面积率处会产生突然的网点直角过渡，即这种网点将从搭接处开始从圆形改变到正方形（图3-1-15）。由此而引发的问题是，网点周长在一个狭小的范围内突然增加，这样导致的直接后果是在50%网点面积率附近阶调的不连续。

　　AGFA公司在平衡加网技术（Balanced Screening Technology）中采用的圆形和椭圆形网点很好地解决了这个问题（图3-1-16）。由于这两种网点是用AGFA公司的专用网点函数（Agfa Spot Function）产生的，其设计目的就是为了从数学角度和视觉效果两方面产生平滑的过渡。例如，AGFA椭圆网目调网点函数产生的40%面积率的网点在接触侧包含有尖角，这可使得油墨的叠印为最小，但这种网点在不接触处的形状还是圆形的。这样，仍然可保持网点的周长为最小，且网点增大也可降低。

　　d. 降低阶调跳跃的理想网点组合。分析图3-1-16可知，在彩色复制时为了尽量降低阶调跳跃，理想的网点形状组合应该为：在高光部位采用圆形网点，在中间调区域使用菱形网点或椭圆形网点，而在暗调部位则宜使用阴图型圆网点。因此，在制版操作时，为了获得满意的阶调复制效果，应该根据软件是否提供网点点型选择的功能，按上述原则在不同的部位采用不同的点型。

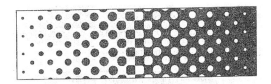

图3-1-15　欧几里得网点在50%网点百分比处的阶调跳跃现象

　　e. 圆形复合网点。圆形网点开始时很小，然后逐步变大，直到填满半色调单元为止。圆形网点在明亮的色彩区域和高光调区域变化的情况非常好；具有圆形网点的5%和10%浓淡色彩区域不太可能消失或变白。但是，圆形网点特别容易产生光跳跃，并且在深色彩区域和阴暗区域中也很容易产生严重的网点增益问题。

（a）AGFA圆形网点

（b）AGFA椭圆形网点

图3-1-16　AGFA公司的圆形网点和椭圆网点

　　使用圆形网点的第一个问题是，在给定的色彩浓淡度上，圆形网点的四个边会同时与相邻的网点接触。因此，大约75%色彩浓淡度处会出现一个明显的光跳跃，因为网点的四个边在此时已互相接触（图3-1-17）。

　　第二个问题出现在暗色彩区域中（色彩浓淡度大于或等于80%的区域）。在高亮区域

图3-1-17　圆形网点

中，能够将油墨定位得非常好的圆形网点，现在却与其他网点接触在一起。说明网点间白色形状（未被墨覆盖的区域）的专业术语，是"形状奇怪的方尖形物，看起来就像纸牌中的方块一样"。这种细点状区域很容易被油墨填充，消除了暗色调之间微小的差异，并使任何东西都聚集成黑色。

　　f. 卵形网点。为了用另一种方法解决圆形网点问题，有些应用程序引入了卵形网点（图3-1-18）。这种形状在一定程度上减少了光跳跃，因为卵形网点相互接触时有两个接触点——第一个点是端点的接触，而另一点是边的接触。因此，获得了两个较小的光跳跃，大约在浓淡度为50%和80%处（端点和边接触的百分比，取决于卵形被拉长的程度），而不再是仅在70%处出现一个大光跳跃。

　　虽然卵形网点像圆形网点一样在高亮区它的形状保持得很好，但是，它只是真椭圆形网点的一种低级模仿品。在Quark XPress中选择Elliptical Spot（椭圆形网点）选项时，所获得的就是卵形网点。

　　g. 椭圆形网点。椭圆形或"链形"网点（图3-1-19）能有效地同时解决了光跳跃和网

点变化的问题。

注意，这里所谓的椭圆形网点并不是真的椭圆，而更像一个圆角的钻石形。这种形状的网点能够非常好地解决光跳跃问题，因为它像卵形网点一样在两端和两边存在着两个接触点。也正因为此，椭圆形网点有两个位于网点面积率50%和80%处的更小的光跳跃，而不再是只在70%处出现一个大的光跳跃。同时，因为钻石形的尖状端点被融合得比较慢，光跳跃也就不是很明显。

椭圆形网点在阴暗区域形状保持得非常好，因为剩余的白色区域形状同样也像钻石形。这种形状的白色区域，不像圆形网点和卵形网点中形状奇怪的方尖形物那样，很容易被墨填充。但是，它也仍旧像圆形或卵形白色区域一样，形状不能保持得很好。请注意，这些椭圆形网点并没有被拉得很长，它实际上接近于圆角的正方形，因为如果它被拉得很长，最终获得的图像在色彩浓淡度大约为35%～65%的区域内，看起来就像网线图一样。

h. 变形椭圆形网点。我们所看到的最好半色调网点是变形椭圆形网点。当您在Photoshop中选择椭圆形网点的选项时，所创建的就是变形椭圆形网点（图3-1-20）。变形椭圆形网点开始时是卵形的，在色彩浓淡度大约45%处变化为椭圆形网点，然后是逆向变化，最终在黑色背景中表现为一个卵形的白色网点。

图3-1-18　卵形网点

图3-1-19　椭圆形网点

图3-1-20　变形椭圆形网点

图3-1-21　正方形网点

变形椭圆形网点，不仅具有椭圆形网点在中间色调区域中可避免光跳跃的优点，而且它们还具有卵形网点在高亮和阴暗区域中具有的优点。高亮区不变白，阴暗区域不变成一团黑。

i. 正方形网点。正方形网点（图3-1-21）通常用在高质量的彩色样本作业中，因为它们给出了清晰度的印迹（尤其是在中间色区域，这一点对化妆品摄影和类似工作来说简直是太重要了），不必对整个图像进行锐化处理。它们部分地给出这个印象，因为点的各个角向我们的视觉系统暗示了清晰度，也是因为他们在中间色区域导致了光跳跃50%。光跳跃增加了中间色区域的对比度（特别是在人脸上），使它们看起来"清晰"。

（3）调幅/调频混合型网点　调幅/调频混合加网（微聚集网点技术）混合加网技术是一种融合调幅和调频加网技术的优点，针对高精度印刷而推出的新型加网技术，既体现了调频网点的优势，又具有调幅网点的稳定性和可操作性。在高光区域和暗调区域它像调频加网一样，通过大小相同的细网点的疏密程度来表现画面中的层次变化。为了适应印刷还加采用了用多个细小的点子组成一个较大印刷点的技术。在中间调区域，网点的位置具有随机性，同时还可以像调幅加网一样对网点的大小进行改变。所以中间部分的网点兼具调幅网点的分布特性和调频网点的阶调表现方法。混合加网在高光和暗调区域由于对网点位置进行了特殊处理，使得颗粒相对调频减少很多，对细小网点进行了组合计算处理，提高了复制的再现性和稳定性。对于中间调区域，因为网点位置的随机性，避免了调幅中的跳色现象。又由于中间调网点的个数是固定的，因此可以计算出单位面积的网点密度，从而可以对中间调的网点密度进行定义。对印刷工序来说，能采用常规精度的生产工序和设备，实现高线数网点的印刷质量，同时生产效率也不受影响。

混合加网的一大特点就是在沿用原有设备输出分辨率的条件下，实现超300l/in的画面精度且不影响输出速度，也没有传统的高线数加网工艺所需要的苛刻条件。印刷适性与传统的调幅网点相同，即在现有的印刷条件下就能真正实现1%～99%网点再现。

目前混合加网技术中网点的混合方案有三类：其一，把图像分成不同部分，在很精细、层次感比较丰富的范围用调频网，以表现细微的差异，而平网部分以调幅网来表现；其二，在10%～90%的中间调部分真正的调幅加网，在网点百分比1%～10%的高光位和90%～99%的暗调和亮调部分完全的调频加网；其三，以调频网网点的分布方法布置调幅网的网点。

目前比较成熟的混合数字加网主要有以下几种。

① Samba Screen和Hybrid Screen加网。巴可公司推出的Samba Screen和PPC公司开发的Hybrid Screen混用加网方式，都是专用在柔印中的最新加网方式。Samba网对高光部和暗调部采用FM调频网，而中间调则使用传统的AM调幅网，其从随机网点到传统网点的平滑过渡（5%～10%，90%～95%）是数码自动计算的，而不是简单地各自密度内插式的混合。Hybrid加网法是FM和AM重合使用于整个密度范围内的加网法。

② 视必达（Spekta）加网是Screen公司2001年推出的能够避免龟纹和断线等问题的新型混合加网技术。视必达加网能够根据画面中色彩、层次的变化适时地选用"类调频网点"，它在网点百分比为1%～10%的高光区域及90%～99%的暗调区域，像调频网点一样，使用大小相同的细网点，并以这些网点的疏密程度来表现图像的层次变化，但最小网点的尺寸比通常使用的要大些，从而弥补了调频网点难于印刷的不足。在10%～90%的中间调部分，又会像调幅网点一样改变网点大小，但所有网点的位置都具有随机性，这意味着加网角度不存在了。

③ 爱克发Sublima加网技术以调幅加网技术来表现中间调（8%～92%）的层次，而在亮调（0%～8%）和暗调（92%～100%）处，用调频加网技术以大小相同的网点分布的密度来表现层次，调幅和调频的转换点随加网线数的变化而变化。并且Sublima加网技术采用爱克发的专利XM超频运算法，当调幅网点向调频网点过渡时，调频的随机网点延续了调幅网点的角度，完全消除了过渡痕迹，让两种频率的网点巧妙地融合。Sublima加网技术充分利用了调幅和调频加网的优点，在不改变现有印刷条件、不增加成本的前提下，实现了高网线印刷，印刷品图像完全看不出网花，基本消除实物撞网，使用四色印刷可以印刷出具有专色效果的印刷品。

④ 克里奥的视方佳（Staccato）调频加网技术，是以网点大小和网点空间分布频率的变化来再现原稿阶调层次。视方佳调频加网技术提供多种网点尺寸，采用哪种网点尺寸取决于对印品的要求。视方佳10μm是最精细的网点，适用于精美印品印刷。大部分商业印刷可以采用20μm的网点，而报纸印刷适合用36μm的网点。视方佳加网技术采用高频率随机网点插入技术，可表现细微的细节，提高图像的色彩保真度。其加网结构经过优化后，不仅可以彻底避免玫瑰斑和龟纹，而且可使网目调结构更加稳定，减少了颗粒、网点增大和中间调油墨的堆积现象。

3. 图像光栅处理器RIP

RIP是全称Raster Image Processor（图像光栅处理器）的缩写。它是从数字化印前版面处理到数字打样或印版过程中的一个必不可少的中间枢纽。它关系到输出的质量和速度，甚至整个系统的运行环境，可以说是整个系统的核心。

（1）RIP的作用与地位　在CDI（CTP）系统中，RIP基本是输出印版前的最后一步。RIP所处理描述印件的页面文件通常是PS（PostScript）文件或PDF文件。RIP按照文件中元素的页面位置来描述映像页面的每个元素，包括文本、图像和图形。CDI（CTP）版面的输出需要通过以下几个主要处理环节：

图文输入→排版→转换PostScript文件→RIP→数字打样→校改→转换PostScript文件→RIP→输出印版

RIP在CDI（CTP）系统中的功能相当于一个电子"翻译"，其接收从计算机传送的数据信息（通常是标准PostScript语言描述的页面图文信息），将其"翻译"成输出设备所需要的光栅数据信息以备输出。RIP具有控制输出设备和控制输出版面信息（如纸张或胶片的输出幅面大小，是否旋转版面，是否输出反字，是否要拆页输出，是否分色输出，输出版面的页数或份数等）的作用。

从发展历程来看，RIP的最初作用只限于3个方面：

① 解释来自应用程序的页面描述语言（一般是PostScript）。

② 在页面上生成一个对象的显示列表。

③ 将数据转化（栅格处理）为告诉输出装置如何放置网点的点阵图。

随着RIP技术的发展，目前，RIP的功能已扩展到包含诸如补漏白、拼大版、预视、预检、加网、光栅化、成像处理等方面。有些RIP的功能还涉及印刷油墨数据，印后装订数据。最新的RIP已成为处理更多输出任务、执行多项输出功能的智能化输出中心。

RIP的组成包括微型计算机及操作系统软件、RIP加密锁、RIP与输出设备相连接的接口卡和数据线缆、RIP软件和字库等。

RIP的研制开发是在某一种计算机操作平台上进行的，RIP的组成中必须包括微型计算机及操作系统软件。为了保护软件不被随意复制盗版，RIP制造商对RIP的使用采取了加密措施，RIP软件使用的加密手段包括软加密和硬加密。软加密就是在RIP软件的使用过程中，必须在通过某种密钥后才能运行RIP软件的加密措施；硬件加密就是使用硬件加密的方法，通常使用的是加密锁，计算机只有在安装了加密锁时才能运行RIP软件；有些功能强大的RIP（比如方正世纪RIP—PSPNT）采用了软、硬同时加密的办法，只有同时拥有密钥和加密锁后才能运行RIP。RIP的主要组成部分就是RIP软件，用于控制使用何种输出设备和如何输出印刷版面。PostScript文件处理文字部分要使用字库，字库也必须安装在计算机中。

（2）RIP的分类

① 硬件RIP和软件RIP。RIP通常分为硬件RIP和软件RIP两种，以及有软硬件结合的RIP。硬件RIP就是具有RIP功能的专用计算机，专门用来解释页面的信息。由于页面解释和加网的计算量非常大，因此过去通常采用硬件RIP来提高运算速度。软件RIP是通过软件来进行页面的计算，将解释好的记录信息通过特定的接口卡传送给数字打样机或CDI（CTP）制版机等，因此软件RIP要安装在一台计算机上。随着计算机计算速度的不断提高，RIP的解释算法和加网算法也不断改进，所以软件RIP的解释速度已接近甚至超过了硬件RIP。考虑到软件RIP容易升级，容易随着计算机运算速度的提高而提高性能，因此软件RIP已成为主流。

目前，许多RIP是运行在普通PC和Mac上的软件RIP，其仍包含如加速卡或输出端口及软件RIP的加密锁等一些硬件设备。

② Adobe RIP和非Adobe RIP。由于PostScript语言是由Adobe公司开发的，因此Adobe必然成为PostScript RIP的主要生产商，这些RIP出售给它的OEM（原始设备制造）合作伙伴。Adobe开发RIP的核心代码CPSI 产品。CTP等生产商购买此代码产品，并配上自己的硬件及软件，制造自己的CTP制版机。

除Adobe公司生产RIP外，其他一些公司也遵循Adobe PostScript标准生产RIP。如最著名的美国Harlequin公司开发称为Script Works的RIP产品。

③ 以输出分类RIP。有些RIP生成的数据，可以直接输出给数字打样机或CTP制版机等。对于CTP来说，输出的数据是像素，它控制CTP机内的激光是否在印版片的某个位置上曝光。

有些RIP生成中间的文件格式，需被其他软件加工后，再输出到后端设备。这需要生产商在RIP与输出设备之间再增加一个拼版系统或编辑工作站。Scitex公司和Barco公司的RIP就采用这种方法。

④ 以功能分类RIP。以功能分类RIP有光栅化和加网分段处理RIP和独立于输出过程的RIP。

以美国Rampage公司的Rampage RIP为例。Rampage RIP的特点是把整个RIP过程分成光栅化和加网两个相互独立的过程，在输入分辨率后对图像做光栅化处理，随后存盘，最后在加网阶段利用一个专用加网板，按要求的分辨率高速输出。也就是说，在盘上存有一个经高倍压缩而又未经加网处理的光栅化数据。

它具有如下功能：

① 把光栅化数据存在盘上，可实现"RIP一次，输出多次"；

② 允许对已经拼好大版中的某个页面做最后一分钟修改；

③ 如果系统要接入一个新的成像装置，可从盘上取出原来已光栅化好的文件进行输出，无须再次对文件光栅化处理；

④ 如果某一单色版的胶片或印版损坏时，可只扫描输出该单色的胶片或印版，节省了

时间；

⑤ 如果需要在最后一分钟改变预定的印刷机或印刷用纸，只需把网点增大的补偿值做相应的改变而无需再次光栅化整个作业；

⑥ 如果数字打样机或直接制版机出现故障，Rampage RIP还可继续对文件做光栅化处理，把处理好的数据暂时存储在盘中，直到成像装置重新恢复正常。

（3）CTP系统对RIP的要求　CTP系统突破了原有照排工作流程的框框，集中体现了对RIP的多种高技术要求，归结如下：

① 补漏白。RIP与相应的补漏白软件配合一起，可解决彩色印刷中套色不准的问题。

② 拼大版。绝大多数的直接制版机的制版幅面都在对开以上，都须事先使用拼大版软件与RIP一起根据出版物排版及装订要求把单个页面组拼成书帖大版，这样在直接制版机制出整张印版后，才能装机印刷。

③ 最后一分钟修改。在工作中经常会出现在制作印版前需修改某一个出版页面内容的情况，为了避免再次RIP处理整张大版，现代的RIP允许只对这个页面做修改后的处理，而无需对同一张上已拼好大版的所有页面做重复的RIP处理。同样道理，在整张大版还缺少最后一个迟到的页面时，可先对其他各页做处理而不必等待此缺页，此页可待其余各页都处理完后，在最后时刻交换进来再做处理。

④ RIP一次，输出多次。CTP系统由于不使用胶片，因此必须使用数字式印前打样。进行数字式印前打样与最后成品输出时，往往出现打样样张与最终成品不一致的情况，因此要求二者使用同一个RIP。此时的RIP应具有"RIP一次，输出多次"的功能，即经RIP处理后的同一数据，可同时供给印前打样与最后成品输出使用，并要求RIP能根据不同装置输出具有不同分辨率的数据，如把准备给最后成品输出装置的数据从高分辨率降低到打样装置所需的低分辨率。使用同一RIP后的数据，就可以使打样样张准确地反映最终成品的情况，避免或减少偏色及出错的机会。输出到打样装置上的数据在打样时还可经有关软件做诸如边缘光滑等处理，以便及时地表现出最后成品的情况。

⑤ 广泛的设备支持能力。支持当地市场的主流输出设备，为用户配置系统提供更多的灵活性和选择余地，最大限度地利用系统所提供的功能。

⑥ RIP与CTP系统整体解决方案无缝连接。支持数字打样系统、支持色彩管理系统、支持自动流程管理系统等。

⑦ 开发多功能RIP。从低端黑白校样设备、彩色数字打样设备到高精度直接制版设备都能同时驱动，充分发挥RIP性能；同时保证系统内各种输出结果的高度一致性，减少出错机会。

⑧ 支持更加方便的人机界面和远程监控RIP能力。

⑨ 开发新的网点技术。用低分辨率输出高网线，节约输出时间。

注意：无论输出的是版材还是样张，我们所选择的RIP将影响到从页面文件转换成实际输出的整个过程。而在彩色分色、色彩管理、陷印过程、OPI交换和拼大版等印前工作流程中，RIP过程选择在那一环节对系统的效率有很大的影响。

（4）RIP的主要技术指标　RIP是直接体现系统开放性的关键，它的主要技术指标有：

① 支持PostScript版本。PostScript页面描述语言已经成为印刷行业的通用语言，各种印

前系统应用软件都以此为标准，因此兼容性的好坏直接关系到RIP是否能解释各种软件制作的版面在输出中是否会出现错误。

例如PostScript 3在PostScript Level 2基础上增补了以下内容：陷印（In-RIP Trapping）、渐变（Smooth Shading）、多种格式字体支持（Font）、增强的设备控制能力（Device Setup）等。符合PostScript 3的RIP将会对陷印、渐变以及高保真色彩提供直接的支持，增强了排版软件描述复杂版面的能力以及RIP输出复杂渐变版面的速度。

② 支持可携带文档格式PDF。支持PDF为核心的自动输出流程管理系统。

③ 加网质量。加网是RIP的重要功能，加网质量直接影响印刷品的质量，在制作彩色印刷品时非常重要。有些印刷品在某些颜色的层次上网点显得很粗糙，视觉效果不好，而在另一些层次上这种缺陷则不明显，这就是RIP加网算法造成的。加网有很多不同的算法，各RIP生产厂家都有自己的加网算法，如连诺海尔公司的HQS加网、爱克发公司的平衡加网、Adobe公司的精确加网等。不同的算法会产生不同的效果，加网速度也有较大差别，生成的网点玫瑰斑形状也不一样，这主要是由于加网线数和加网角度以及网点形状的微小差别造成的。若要加网角度准确，加网线数接近预设数值，往往要花费很大的计算代价，解释速度也就相应降低。因此RIP的加网算法直接影响到图像的质量和输出的速度。

④ 支持网络打印功能。可以令用户使用非常方便，更重要的是，可以在不同的硬件平台之间使用，也就是现在常说的跨平台系统。

所谓网络打印方式是指将RIP设置成一台网络打印机，在各台工作站上可以按照选择网络打印机的方法来连接，由组版软件打印的数据直接通过网络送给RIP进行解释，然后送到输出设备输出。这种方式是最简单方便的输出方式，只要是连接在网络上的工作站，都可以直接进行打印。这种输出方式的缺点是占用工作站的时间较长，可以采用后台打印的方式加快脱机速度。

⑤ 预览功能。可以用来检查解释后的版面情况，避免出现错误和减少浪费，因此现在大部分情况下都要先预览检查，预览功能也就成了一项必不可少的功能。

⑥ 拼版功能。可以更有效地利用胶片和印版，提高工作效率。因为胶片及印版的宽度是固定的，而输出的版面却是千变万化的，实际中往往会遇到用很宽的胶片或印版来输出较小版面的情况，尤其是CTP系统更容易遇到这种情况，造成胶片或印版的浪费。而使用具有拼版输出功能的RIP就可以使这种问题迎刃而解。同时可根据出版物排版及装订要求把单个页面组拼成书贴大版。

⑦ 补漏白（Trapping）。RIP与相应的补漏白软件配合一起，可解决彩色印刷中套色不准的问题。

⑧ 自动分色（Separations）与最后一分钟修改。有时在制作印版前仅需对某一个页面修改，为避免重新RIP处理整张大版，要求RIP只对这个页面做修改后的处理。

RIP一次，输出多次（ROOM），即经RIP处理后的同一数据，可同时供给印前数字打样与最后成品输出使用，并要求RIP能根据不同情况输出不同分辨率，使印前数字打样与最后成品输出使用同一RIP，保证打样样张与最终成品的一致。

⑨ 支持OPI（Open Prepress Interface）。RIP与CTP系统整体解决方案无缝连接。支持数

字打样系统、色彩管理系统、自动流程管理系统等。支持当地市场的主流输出设备，为用户提供更多的配置系统的灵活性和选择余地，最大限度地利用系统所提供的功能。提供跨平台支持能力。不仅能够处理MAC、PC平台输出任务，同时可以接受来自UNIX等其他平台的输出请求。

从低端黑白校样设备、彩色数字打样设备到高精度直接制版设备都能同时驱动，充分发挥RIP性能；同时保证系统内各种输出结果的高度一致性，减少出错机会。

⑩ 支持汉字。支持汉字是一个必要条件，目前的RIP已具有此项功能，但某些老系统的RIP可能还存在这样的困难。

（5）RIP的工作过程 RIP的工作过程可分为文件数据输入（PostSct或PDF描述的页面）、处理及输出。输出文件的处理受各种参数控制。RIP系统的控制参数主要分为两大类，一类是影响RIP和所有输出文件运行的系统参数；另一类仅影响相应的输出文件，其包括输入插件和设备驱动程序的选择与设置，以及其他输出文件的相关参数，如加网、灰度转换、校色等，它们组成一个参数集，大部分参数都需在输出文件处理之前定义，称为参数模板。

① 数据输入。RIP接受文件数据有许多方法，为讨论方便下面先说明文件数据的产生过程。

RIP接受的文件数据可以在PageMaker、Xpress或其他排版软件中生成。在Mac机上，在Chooser下选择Laser Writer驱动，并选择输出设备。其中Laser Writer是一个小软件，负责向输出设备传送数据，并生成PostScript数据。在PC机上，过程基本相同。选择Printer RIP接受，告诉操作系统排版软件中使用的是哪个版本的PostScript驱动，生成PostScript数据。有些软件如Adobe Illustrator将PostScript作为它们的内部格式。这意味着它在输出文件时，不用转换，只是添加一些字体数据及设备参数如加网线数等。大多数印前软件使用自己的内部数据格式，并将页面从内部格式转换成PostScript格式。这些由系统中的PostScript驱动来完成部分转换。办公软件如MS Word或Excel则完全依赖于PostScript驱动来生成PostScript数据。也就是说，在操作系统中，PostScript驱动选择不当，会出现许多问题。

一旦生成PostScript数据，则需把它们传送到选定的设备。大多数RIP支持许多不同的传输协议：

a. Apple Talk。RIP在一个网络上可将自己当作一台激光打印机。在Mac机上，在Chooser中选择RIP，并打印到其上。这是最简便的方法，但最慢。

b. TCP／IP。RIP也支持标准Unix协议——LPR，或是Helios的数据流协议。也就是说，可以打印到一个Helios Ether Share打印机上，这个假脱机打印程序会使用快速的TCP／IP协议把文件数据传送到RIP中。

c. Named Pipe。这是一个在不同软件间交换数据的Microsoft协议。它依赖于TCP／IP协议来传送数据。如果从一台PC上向RIP打印，则要用到此协议。

d. Hotfolders。大多数软件RIP可以查找一些文件夹，并处理在其中发现的任何PostScript或PDF文件。将页面打印到硬盘上并将PostScript文件存到文件夹中。

另外，RIP还支持一些其他的传输协议。PostScript 3RIP就支持一个称做Web-ready printing的系统。这可以通过因特网将文件传送到RIP上。而且一个激光打印机有网络设置，可有串口或并口两种连接方式。

一般来说，向RIP传输数据的方法越多，在工作流程中解释文件的能力越大。多种的输入输出方法与RIP本身的性能同样重要。

② 数据处理。RIP接收PostScript文件或PDF（便携式文件格式）文件后，并不是立即处理它们。

对于PostScript数据，RIP并不需要全部文件，当接收到第一个页面，就开始处理数据；而对于PDF数据，由于PDF文件构造方式不同，RIP只有接收了PDF文件的全部页面后才开始处理。

Adobe RIP是将PostScript页面的内容先翻译成一种称为显示列表（Display List）的中间格式。显示列表格式是以最基本的机器语言来描述页面。它不同于毫米或点等单位，所有物体都以设备上的像素来显示。

所有这些数据不再是TIFF、EPS文件或字体。RIP在页面内处理所有数据，如有必要，将它们转换为中间格式，并保存在源列表（Source List）中。以字体为例：如果在页面某处使用20点Avant Garde字体，RIP将会使用字体的外框数据（Mac机上称为打印字体）。根据输出的尺寸分辨率来计算每个字符，并把这些位图字符保存在一个字体缓存中。

RIP会在内存中尽可能长时间保存显示列表和源列表，如果这些文件太大，RIP将会把这些文件以交换文件的形式保存到硬盘上。包含许多扫描图片的文件，会生成大的源列表，而包含复杂的Illustrator绘画文件，则会生成大的显示列表。当然，RIP访问硬盘比访问内存要慢得多。这也是为什么RIP的系统中有1G的内存。

一旦生成显示列表，RIP就会把文件栅格化，并将位图文件送向输出设备。有些RIP生产商在这个过程中加了一个步骤，把显示列表先转换为它们自己的中间格式。例如，Scitex公司使用CT／LW作为中间格式，并在照排机中添加了新硬件，来加速最后过程的栅格化。

有些RIP除了处理上述任务外，还可处理一些诸如陷印、拼版等其他任务。

③ 数据输出。栅格化处理过程是相当费时的，结果要输出一个巨大的文件。有些RIP会将这些数据分成小数据段，逐次输出到设备上；有些RIP则将整个位图文件保存在RAM或硬盘上，再输出到输出设备，这种中间存储被称为帧缓冲。所有激光打印机都是使用存储在RAM中的帧缓冲。所以，复杂页面在一个内存较小的打印机上输出时，会出现PostScript错误，这主要是因为没有足够的内存来存储中间格式数据和帧缓冲。

RIP是采用数据段，还是采用帧缓冲，是由RIP所连接的输出设备及用户的工作流程所决定的。数据段是RIP与输出设备间传输数据最简单的方法。有些RIP不支持"即开即停"，也就是说，它们需要完整的文件数据，才能输出，中间不能被打断，这样的RIP系统就要采用帧缓冲。帧缓冲也可以加快输出过程，因为当CTP机输出印版时，RIP可以连续处理其他文件。

RIP与输出设备间的连接也相当重要。目前，许多生产商使用自己的协议及硬件来连接RIP及CTP，Agfa公司用类似SCSI的APIS协议，Scitex公司则在RIP与输出设备间使用光学连接方法。除了报业市场外，还没有统一的标准。如果在RIP与输出设备间传输的文件数据不超过100M的话，则可以使用标准的网络连接方法，这种方法常用于绘图仪。

对于打印机及打样机来说，则可使用并口或串口连接。

三、分色文件的拼排和预检方法

对电子文件进行预检，是印前排版过程中相当重要的一个环节，柔印印前排版过程中，一个电子文件在完稿过程中一般需要经过以下预检步骤。

1. 文件尺寸及出血

文件尺寸的检查，除了要考虑净尺寸、拼版方式、出血等因素外，还需考虑承印材料的料宽，印刷中最主要的成本无疑就是承印物，很多印刷厂在定制承印物时一般会很紧凑，这样，在正常的拼版尺寸外，测控条、检测标识及其他信息是否超过了承印物料宽就必须被考虑。

2. 色彩模式

任何印前排版，都只能使用的色彩模式只有CMYK色彩模式。即使在Photoshop中定义成灰度和位图模式的图像，如需得到正确的输出，还是要使用CMYK色彩模式着色。在CMYK模式下，使用专色是被允许的。

3. 图像的分辨率

图像的分辨率如果过低，则会影响输出的精度，严重的甚至出现马赛克现象，而图像的分辨率过高，也会对输出质量略有影响，并造成生产效率上的浪费。如何选定合适的图像分辨率请参阅本书相关章节，另外调整图像分辨率请在图像软件中完成。

4. 字体是否嵌入

在印前排版过程中，时常会使用到文字。而一般在输出端的RIP中，安装的字体一般很有限，如果电子文件中使用到的字体不在RIP的列表中，就必须在输出时把字体嵌入到输出文件中，不然RIP在计算时就会报错或出现乱码。

一般情况下，我们建议在输出前，把所有的字体转换成路径，以避免字体问题。

5. 内容及位置

柔性版印前排版过程中，追样的操作很多，即使是客户提供电子档案，一般也会有许多修改要求，这样中排版中各元素的内容当然要保证不能缺失或有错误，如果有大量文字也需要逐字逐句的校对，对于一些靠近折线或裁切线的元素，位置也要保证丝毫不差才行。

6. 分色

分色的检查是最难的一项。在这里，印前排版人员需要检查各元素的分色状况、各元素间的相关叠加、是否需要进行补漏白操作及补漏白的方向是否符合印刷要求等所有情况。如没有智能化的软件（如ESKO公司的PackEdge、Artwork公司的ArtPro），能很方便地提供分色预览的功能，对印前排版人员软件及印刷知识掌握的要求会很高。

四、陷印

在实际情况中，由于纸张以高速或低速滑过印版时，会稍微移位和拉伸，同时纸张吸收了润版液和油墨后会改变尺寸，而印刷色版也不会是理想的完全对齐（套印不准），这会导致一部分与底色进行混合，而另一部分则会漏出白边，处理这个现象的方法就是陷印（trapping，也称为补漏白）。从根本上来说，陷印存在的原因是为了补偿印刷设备产生的套印误差。

如果只印一色，微小的偏差是可以接受的，但是如果印刷多色，颜色位置的偏移则是绝对不可以的。颜色应该准确地对齐（颜色之间要套准），但是这是十分困难的，页面上两个颜色相交的地方总会出现一小条白纸边，除非在颜色相交的地方设置补漏白点。图3-1-22显示了两个未补漏白的相邻颜色，它们之间套印不准的引起色版之间出现一条白色的纸边。

通过稍微展开一个对象以便它与另一个不同颜色的对象重叠，即重叠两个油墨颜色，覆盖白边。可以弥补这种套不准缺陷，这一过程称为陷印。默认情况下，一种油墨位于另一种油墨之上时，会挖空或移去下面的任何油墨，以避免不需要的颜色混合；而陷印则要求油墨叠印或一种油墨印刷在另一种油墨之上，以便至少获得部分重叠。

1. 陷印的基本结构

陷印概念最简单的理解就是内缩和外延。内缩是将对象缩小，减少其空间，有时也叫做压缩或变瘦。外延，则正好相反，有时称作拉伸或变胖，它是将物件变得稍大一点。图3-1-23说明了外延和内缩的基本意思。陷印采用内缩还是外延取决于前景色比背景色深还是浅：人们总是愿意调整浅色对象的形状，原因是其周边比深色对象的视觉重量要轻。

颜色的扩展方向根据的是该颜色是亮还是暗，对内缩和外扩而言有一个规律：从亮色延伸到暗色。

用陷印的方式去尽量保证对象形状不变，通过将亮色延伸到暗色，重叠部分对眼睛来

无陷印　　　　　　　　　　　　　　有陷印

图3-1-22　套印不准时无陷印和有陷印时比较

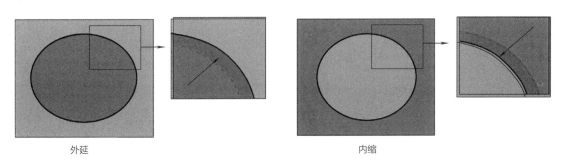

外延　　　　　　　　　　　　　　　内缩

图3-1-23　内缩和外延

说是不明显的。如果移动暗色，对象形状的改变就更明显。

2. 建立原色过渡

当采用专色时，也会出现补漏白的需要，如果出现颜色接触，就需要补漏白。

当对相邻的物体施用套印色时，用按一定的百分比油墨成分去创造原色过渡。当两个物体共同拥有超过20%的一种原色（青，品红，黄或黑）成分时，就产生了原色过渡。一般地，这样就可消除套印不准产生的白色缝隙。两个对象的颜色越相似，这种效果就越好。如果相邻色有问题，增加补漏白将是必要的，相邻色包含同一种更高比例的原墨时，可能也需要补漏白。套印不准可能导致第三色。

如果两个物体的颜色相同成分不止一种颜色，额外的补漏白就不需要了，这时在套印不准时显示的第三色在视觉上可以忽视了。

一般来说，如果一种颜色的所有油墨组成比例都高于另一种颜色，那么陷印就不需要了。

3. 叠印和挖空

当定义并使用一种颜色，允许这种颜色被挖空，这就表示没有将这一颜色和其他底层油墨组合在一起。挖空命令对所定义的每种颜色会自动实施。通常对黑色例外。例如，把红色的圆印刷在蓝色的方形上面，在圆的边界内不印任何蓝油墨。

当叠印一种颜色，那种颜色就和所有的底色调组合在一起，这常会造成颜色的偏移。

100%的黑色是唯一可以成功叠印的颜色，通过这一点，我们意识到，黑色能保持黑色，应该放在其他油墨的前面印刷。当叠印其他颜色油墨、专色油墨和套色油墨时，总会出现不同的颜色。

叠印的黑色不需要补漏白。这一点对有些页面元素是关键的。唯一的问题在于，有些黑色元素在一些软件中是自动叠印的，而另一些则不是，这时需要掌握叠印的特点。

4. Adobe InDesign CS6中的工具

陷印面板命令：窗口→输出→陷印预设如图3-1-24。"陷印预设"面板用于输入陷印设置以及将设置集合存储为陷印预设，双击面板中的某个样式将会弹出"修改陷印样式选项"对话框，如图3-1-25所示，可以将陷印预设应用于当前文档的任一页或所有页，或者从另

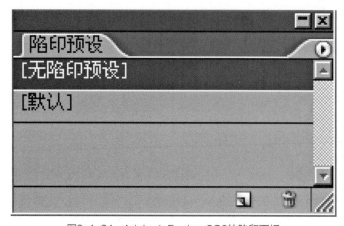

图3-1-24　Adobe InDesign CS6的陷印面板

图3-1-25　陷印样式选项对话框

一个InDesign CS6文档中导入预设。如果没有对距印页面范围应用陷印预设，则该页面范围将使用［默认］陷印预设。［默认］预设是默认情况下应用于新文档中所有页面的典型陷印设置的集合。

陷印样式选项对话框中各选项的意义。

（1）陷印宽度　"陷印宽度"数值框中"0.088mm"是预设值，它是除了黑色以外的所有颜色的陷印宽度。但是根据不同的纸张特性、现实标准和印刷条件，陷印宽度需要相应的变化，这需要查阅打印机和图像机的说明文件。

（2）陷印外观

①"连接样式"有"斜接""圆形""斜角"3个选项。可控制3个颜色陷印之间的交叉点连接处的陷印外观，如图3-1-26所示。控制两个陷印段外部连接的形状，从"斜接""圆角"和"斜角"中进行选择。

②在"终点样式"中有"斜接"和"重叠"两个选项，可控制转角处陷印的外观，如图3-1-27所示。"斜角"（默认选项）是指各相交颜色的末端将保持为"斜接"状态，并不产生重叠。"重叠"是指各相交颜色的末端将保持为"交叠"状态，交叠处的颜色将由3种颜色中最浅的颜色和最深的颜色间的重力色决定，最浅的颜色中端将被包裹在3个颜色对象相

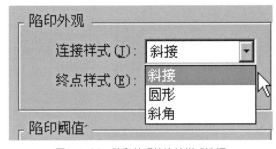

图3-1-26　陷印外观的连接样式选择

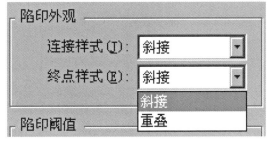

图3-1-27　陷印外观的终点样式选择

交点的附近。

（3）图像 "对象陷印图像"：保证陷印对象陷印，对图像使用陷印样式设置。"图像陷印图像"：设陷印沿界阻重叠或紧靠图像，这是默认选项。"图像内部陷印"：在图像内设置陷印样式，只有在文档中使用简单、大反差的图像才使用这个选项。"1位图像陷印"：因为1位图像只使用一种颜色，故在大部分情况下不选择这个选项，选择这个选项会使图像变暗。

（4）陷印阈值

①"梯度"右边数值框中为进行陷印的临界值，数值越小百分比越低，即使对细小的色彩变化，都会执行陷印命令。而在另外的一些情况下，只有大的色彩变化时才需要陷印，这时可将其百分比设得大一些。可输入1%～100%的任意整数值，默认值为10%，为了获得更佳效果，使用8%～20%的值。

②"黑色"。表明在黑色陷印宽度设置的量，输入值从0～100%，或使用默认值100%，为了得到最佳的效果，应不高于70%。

③"黑色密度"。表明中立密度值，可以使用从1～10的任意值，为了得到最佳效果，这个值建议设置在1.6左右。

④"平滑陷印"。表明百分比区别于中立密度紧靠的颜色之间的陷印，可输入百分比0～100，或直接使用默认值70%。如果设置为0%，则所有陷印默认为中心线；若设为100%，则平滑陷印被关闭，不管紧靠的颜色的中立密度关系。

⑤"陷印颜色缩小"。表明InDesign CS5.0从紧靠的颜色使陷印颜色降低的程度，指示InDesign CS5.0使用相邻颜色中的成分来减低陷印颜色深度的程度，这样做有助于防止某些相邻颜色产生比任一颜色都深的、缩小很难看的陷印效果。指定低于100%的"陷印颜色缩小"会使陷印颜色开始变亮；"陷印颜色缩小"值为0%时，将产生中性密度等于较深颜色的中性密度的陷印。

5．Photoshop中的补漏白处理

Photoshop中进行补漏白操作的菜单在Image / Trap中。此操作必须在CMYK模式下才行，Width为补偿边界的宽度，该值直接与印刷时色版的偏移量有关、数值大小等于四色印刷套印误差的总和（Width=$\Delta C+\Delta M+\Delta Y+\Delta K$）。不同的印刷机套准精度不同，本节最后附带一些典型补漏白值，可供读者参考。Width宽度的单位有三种：pixel（像素），范围从1～10；points（点），范围是0.01～9.99；还有mm（毫米），范围在0.01～3.53。它们间的转换关系是1in = 25.4mm=72point。

将文件另存为RGB模式，以便以后重新转换图像。选取"图像→模式→CMYK颜色"将图像转换为CMYK模式。

选取"图像→陷印"对话框，如图3-1-28，其设置比较简单，只包含陷印宽度一项，宽度单位可用pixels，points和mm三种。

在宽度栏里，输入设定的陷印值。然后选择一种度量单位，点按"好"。

除了上面色块间补漏白外，Photoshop中该操作对连续调图像也能进行补漏白。这一操作计算难度大，速度较慢，但基本思想不变。结果通常是将明度低的较纯的颜色往四周扩张形成一定的补漏白宽度，因为每次都是往深色中渗透，所以会导致暗调密度加大，层次丢

图3-1-28 补漏白对话框

失，建议读者对于连续调图像不要轻易进行补漏白，必须有充分的理由才行，只要图像中没有整齐的边界，往往都无需进行补漏白。若出现了规则的边界，并且要求挖空，如在彩图上加一个标志或文字等色块，读者就不妨试试下面的方法。

通道补漏白。这是借用Photoshop中将CMYK图分为四个单色通道，通过各色版上图文边缘的相互变化，达到补漏白目的。例如，在一个蓝底上有一个黑色字母，根据需要，应将黑字母相应位置的C、M挖空。在单通道下使用Edit / Stroke命令，使得背景色侵入字母内。注意：Width值的大小直接受补漏白值和图像分辨率影响。一幅300dpi的图像，若补漏白值为0.3mm，则Width取3个pixels合适。读者也可在单通道下，利用橡皮印章，将背景色扩充至字母内，以达到补漏白的目的。一些典型的补漏白值见表3-1-5。

表3-1-5 一些典型的补漏白值

印刷方式	承印材料	网点线数 /lpi	补漏白值 /mm
单张纸胶印	有光铜版纸	150	0.08
单张纸胶印	无光铜版纸	150	0.08
滚筒胶印	有光铜版纸	150	0.10
滚筒胶印	新闻纸	100	0.15
柔性印刷	有光材料	133	0.15
柔性印刷	新闻纸	100	0.20
柔性印刷	瓦楞纸	80	0.25
凹印	有光材料	150	0.08

第二章

版材及设备

第一节　版材及设备运行准备

<table>
<tr><td>学习
目标</td><td>能通过硬度计、测厚仪测定版材的表面硬度和平整度；能根据印刷机类型确定印版的厚度；能根据印刷质量检查印版的表面硬度；能排除印前制作设备的故障；能完成印前制作设备的定期维护保养。</td></tr>
</table>

<table>
<tr><td>操作
步骤</td><td>

1. 通过硬度计测定版材表面硬度的步骤

把版材平放在平整且较硬的平台上，如制版公司常见的玻璃光桌上。

用硬度计垂直版材表面，选一处3cm×3cm以上的实地区域，按下并保持数s待指针停止。

读取硬度计指针所指的刻度就是版材的表面硬度。

硬度计按用途分多种不同种类，用于测量柔性版硬度计为邵氏橡胶硬度计。另外，像所有检测设备一样，硬度仪需定期进行校正，而校正工作一般由供应商负责完成，在实际使用中，可把硬度计直接在如玻璃等表面平整且硬的材质上测量，如其显示刻度不在100上，那表面该硬度计一定不准了。

2. 通过测厚仪测定版材表面平整度的步骤

调整测厚仪零位，一般手动测厚的表盘都可旋转，使用前先把测量臂轻轻顶起，然后调整表盘的零位到指针位置。

把版材放在测厚仪测量区，轻轻顶起测量臂，注意版材需尽量平行与测量平台，并且顶起测量臂所有力不可过大以免挤压本来就有弹性的柔性版材。

读取测厚仪指针所指的刻度就是版材的厚度，注意手动测厚仪有两组指针，大圈指针表示的整圈刻度为1mm，单位刻度为0.01mm；小圈指针表示的单位刻度为1mm。

在版材不同处多点测量，记录各点数值进行比较，即能判断版材的平整度。显然各点数值间误差越小平整度越高。

版材供应商对其生产的版材平整度都有一个标准值，定购版材时可索要相关资料。

3. 根据印刷机类型确定印版的厚度的步骤

</td></tr>
</table>

（1）了解印刷机的类型及采用的型号，印刷机是窄幅柔性版印刷机还是宽幅柔性版印刷机。

（2）了解客户将要印刷得产品，是不干胶产品、PE膜还是纸箱版。

（3）根据所得到的资料来确认所需要采用的印版厚度。

相关
知识

一、硬度计、测厚仪的使用方法

1. 硬度计使用方法

① 测试前，仪器显示为0。

② 将试块放在一个坚硬、水平的表面。

③ 仪器垂直于被测材料表面。

④ 手持硬度计，平压于版材上，直至硬度计底面与版材完全接触为止，这时指针所指刻度即为版材的硬度值。

⑤ 1s后读硬度值。

每次测定均应在不同的位置选择测三点，取其算术平均值。

⑥ 注意：测定前应检查硬度计的指针在自由状态下应指向零位。如指针量偏离零位时，可以松动右上角压紧螺钉，转动表面，对准零位。然后将邵氏A硬度计压在玻璃板上，压针端面与压足底面紧密接触于玻璃板上时，指针应指向100±1HA，如不指向100±1HA时，可轻微按动压针几次，如仍不指100±1HA时，则此邵氏A硬度计不能使用。

2. 测厚仪使用方法

千分尺（又名螺旋测微计，图3-2-1），常用来测量线度小且精度要求较高的物体的长度（图3-2-1）。它是利用螺旋副传动原理，将回转运动变为直线运动的一种量具。主要用来测量物体外形尺寸。对于印刷操作者来说，常用千分尺测量印版、橡皮布和衬垫的厚度。

千分尺主要由测微螺杆和螺母套管组成，测微螺杆的后端连着圆周上刻有50分格的微分筒，测微螺杆可随微分筒的转动而进退。螺母套管的螺距一般为0.5mm，当微分筒相对于螺母套管转一周时，测微螺杆就沿轴线方向前进或后退0.5mm；当微分筒转过一小格时，测微螺杆则相应地移动0.01mm距离。

千分尺的量程有0～25mm，25～50mm，50～75mm，75～100mm，100～125mm。

① 测量时把被测件放在V型铁或平台上，左手拿住尺架，右手操作千分尺进行测量，也可用软布包住护板，轻轻夹在钳子上，左手拿被测件，右手操作千分尺进行测量。

② 测量时要先旋转微分筒，调整千分尺测量面，当测量面快要接触被测表面时，要旋动棘轮，这样既节约时间，又防止棘轮过早磨损，退尺时应使用微分筒，不要旋动后盖和棘轮，以防其松动影响零位。

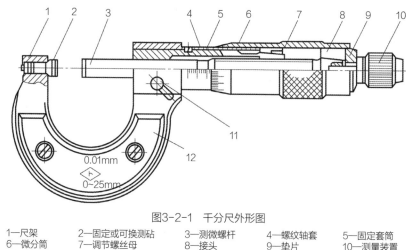

图3-2-1 千分尺外形图

1—尺架　　　　　2—固定或可换测砧　　3—测微螺杆　　4—螺纹轴套　　5—固定套筒
6—微分筒　　　　7—调节螺丝母　　　　8—接头　　　　9—垫片　　　　10—测量装置
11—制动轴　　　　12—隔热板

③ 测量时不要很快旋转微分筒，以防测杆的测量面与被测件发生猛撞，损坏千分尺或产生测微螺杆咬死的现象。

④ 当转动棘轮发出"咔咔"的响声后，进行读数，如果需要把千分尺拿开工件读数，应先搬止动器，固定活动测杆，再将千分尺取下来读数。这种读数法容易磨损测量面，应尽量少用。

⑤ 测量时要使整个测量面与被测表面接触，不要只用测量面的边缘测量，同时可以轻轻地摆动千分尺或被测件，使测量面与被测面接触好。

⑥ 为消除测量误差，可在同一位置多测几次取平均值。

⑦ 为了得到正确的测量结果，要多测量几个位置。

二、版材的质量标准

柔性版材经历了从橡皮版到感光树脂版再到数字柔性版的发展过程。感光树脂版由光敏树脂构成，经紫外线直接曝光，使树脂硬化，形成凸版。在现代柔性版印刷技术领域中，感光树脂柔性版的发展具有特别重要的意义。与橡皮版相比，感光树脂柔性版具有以下几个特点。

1. 尺寸稳定

感光树脂版收缩量小，固体版比橡皮版和液体版收缩量更小，在制版时产生伸缩变形小，可以制作尺寸精确的印版，且尺寸稳定性好。

2. 节省制版时间

制版工艺过程比橡皮版简单，感光树脂版是利用阴图片直接曝光的方式，不需要使用雕刻刀和电木模具，节省制版时间，提高生产效率。

3. 图像清晰质量

直接曝光可以得到比橡皮版更清晰的图文，对原稿的再现精度高，能复制很精细的高光层次。

4．板材厚度均匀

版材平整度达±0.013mm，压力均匀，可保证最佳的印刷质量，生产高品质印品。

5．耐磨性好

感光树脂版的耐印力是橡皮版的3～5倍，耐印力可达几百万次。

三、印版厚度及表面硬度对印刷质量的影响

1．版材型号及厚度选择

（1）用于塑料薄膜印刷　随着客户对产品质量要求越来越高，相应的对印刷材料特别是印刷版材的要求也越来越高。塑料薄膜属于非吸收性承印材料，在薄膜上进行层次版印刷时，为保证网点清晰、线条流畅，一般应选择高品质版材，目前版材厚度有1.14mm、1.70mm、2.28mm。

（2）用于标签印刷和软包装印刷　软包装和标签印刷在柔印中占有很大份额，其印品质量要求较高，特别是在印刷精细的线条、高分辨力的层次网点及反白文字时，应选择一种曝光宽容度大的版材。目前国内大多数窄幅柔印机及印刷软包装的宽幅柔印机都采用版材的厚度为1.14mm，1.70mm，印版的硬度在65～76邵A。

（3）用于瓦楞纸箱印刷　瓦楞纸板的专用版材，有各种规格及厚度（2.84～7.00mm）。这种版材图文深度大，硬度适合瓦楞纸板印刷的要求（硬度为34～42），印刷图像清晰、细腻，印刷线条、文字效果好。如果选用3.94mm厚的版材印刷纸箱，则在印刷时需用衬垫；选用7.0mm厚的版材可直接用于印刷。另外，在采用预印技术印刷高档纸箱时，一般可选用1.70mm，2.84mm厚的版材。

由于受市场对印刷产品质量要求的影响，柔印版的发展趋于薄型。这是因为一般情况下，硬度低的厚印版印刷质量差并且印刷压力大，而高硬度的薄印版印刷质量好，适合印刷高级涂料纸，价格也相对便宜一些。薄印版的另一个优点是上版后几乎无变形，减少了图像凸起高度，改善了图像的稳定性，增加了复制图像的宽容度。薄印版还可以改善印版定位的稳定性。由于薄印版迅速发展，新的衬垫材料也不断出现。

2．版材硬度的选择

柔性版的主要特点就是柔软，富有弹性。而版材的硬度则是柔性版性质重要指标。

硬度是指柔性版制成后，其版面硬度的大小，常用肖氏硬度来表示。对印刷而言，印版硬度高，网点就清晰、结实；硬度低则网点易变形。

不同种类的柔性版其硬度各不相同，不同厂家制作的同种类型柔性版其硬度也不相同。柔性版的硬度主要取决于其本身所含有的聚合物成分、制版工艺及制作时对温度、时间的控制等因素。橡皮版的硬度是由加硫硬化时的温度、压力、加压时间等决定的，可根据要求确定印版硬度。感光树脂版的硬度一般高于橡皮版，其硬度大小取决于光聚合物的硬度，可以用加入硬度控制剂的办法加以控制。

柔性版印刷对承印材料有广泛的适应性，不仅适用于普通的印刷材料（如商标、包装

纸袋、塑料包装袋、印刷用铁皮等），还适用于超薄型、表面极光滑的材料（如玻璃纸、塑料薄膜、金属箔等）及超厚型、表面较粗糙的材料（如厚纸板、瓦楞纸板、牛皮纸、纸箱、壁纸等）。不同的承印物对印版的硬度也要求不同。硬度小的印版与承印物的接触均匀，印刷出的墨色较均匀，但图像的层次再现性较差，且网点扩大较为严重。具体可参照以下原则来确定印版的硬度。

（1）表面光洁的承印材料，印版的弹性要小些，其硬度应大些；粗糙的承印材料表面，印版的弹性要大些，其硬度应小些。

（2）印刷实地或文字，印版的弹性要大些，其硬度应小些（肖氏硬度为40~50）；印刷网点或细线条，印版的弹性要小些，其硬度应大些（肖氏硬度可为50~60）。

（3）印版的硬度在印刷过程中会有一定程度的变化，在经过高速和长时间连续印刷后，印版硬度会逐渐增大，弹性降低，回弹不足。要求印刷时须保持轻压力印刷，避免印版弹性下降过多。

（4）印刷有弹性的承印物时，为了保证油墨转移良好，所用印版须比一般柔性印刷所用的印版要软。除特别精细的印品外，大多数瓦楞纸板印刷都要使用肖氏硬度为25~35的柔性版，印刷塑料袋则要用肖氏硬度为44~58的柔性版，窄幅包装印刷则适宜用肖氏硬度为49~58的柔性版。

总之，制版人员应根据不同的承印物、不同的印刷要求以及版面情况（实地版、网点版还是线条和文字版等）等，结合质量标准要求，合理选择印版的硬度。

四、数字直接制版机故障及排除方法

（1）激光镜头上脏，导致雕版不良。数字直接制版机长期使用后，即使除尘结构，镜头部分依旧会有灰尘堆积，导致激光到达版材后的能量衰减，因此需要定期进行清洁维护，维护方法如下：

① 打开机器侧罩壳维护窗，可以观察到光电池和镜头位置。

② 打开设备上侧罩壳，可以观察到光电池和镜头位置打开时注意急停开关的线路连接，避免拉扯。

③ 将扫描平台移动至最外侧，拆除吸尘口（吸尘口固定螺丝位于上端面），使用无尘棉签或擦镜纸清洁镜头部分。

（2）定期检查设备润滑　设备失油会造成生锈、过载等机械故障，应定期检查齿轮结构（开盖齿轮、装卸版摇臂齿轮）、导轨等润滑状态及导轨储油量。如图3-2-2所示。

（3）定期检查管路　管路老化会造成破损、漏气等问题，影响设备运行，请定期检查设备内部管路是否存在老化和泄漏，如有必要需更换设备水管及吸尘气管。

（4）检查扫描平台侧螺杆、螺母润滑及间隙，请定期补充润滑油，如间隙磨损过大，必要时还需要更换丝杆螺母。

（5）检查光鼓电机同步带松紧度及磨损状态，如有必要，需要调整同步带松紧或更换。如图3-2-3所示。

图3-2-2　润滑部位检查

（6）检查直线伺服系统光栅清洁度，如有较厚灰尘，请使用干棉布轻轻擦拭，严禁使用酒精、丙酮等液体，会损坏光栅表面镀层。

（7）检查步进电机及传感器否老化或灰尘，及时清理，必要时需要更换。

（8）拆除高精度数字化柔版制版机的设备前下罩，打开内置吸尘机后盖，更换设备过滤芯。

图3-2-3　光鼓电机皮带位置

五、制版设备常用液压、气动、保险、自动控制的结构和工作原理

柔性版数字直接制版机由精确而复杂的光学系统，电路系统以及机械系统三大部分构成。

（1）光学系统　由激光器、光纤耦合、密排头、光学镜头、光能量测量等组成。

（2）机械学系统　由机架、光鼓、墙板、送版部、版头开闭部、装版辊部、卸版部、排版部、丝杆导轨部、扫描平台部等组成。

电器学系统　由编码器、主副伺服电机、各执行机构步进电机、真空泵、主控制板、接线板、激光驱动板、各位置传感器等组成。

采用32/48个配置且独立的830/NM/1W半导体激光作为光源，通过光纤耦合把N个光源导到密排面上，密排面上射出的激光通过光学镜头聚焦在紧密吸附在光鼓表面上的版材上，对版材进行热烧蚀或曝光。工作时装有版材的光鼓做高速旋转运动，而装有光纤密排系统的及光学镜头系统的扫描平台做横向同步运动。驱动电路系统根据计算机的点阵图像来驱动各独立的激光器进行高频的开关，从而在版上形成点阵图像潜影（图3-2-4，图3-2-5）。

六、制版设备定期保养方法

（1）每日使用无纺布和无水乙醇，对光鼓和进版平台进行擦拭清洁。

（2）制版机所在空间环境操作温度必须在20～30℃，湿度：40RH%～60RH%，墙上必须挂有温度湿度计，保持操作间的卫生，整套系统应在一个干净、恒温、恒湿的印前环境下。

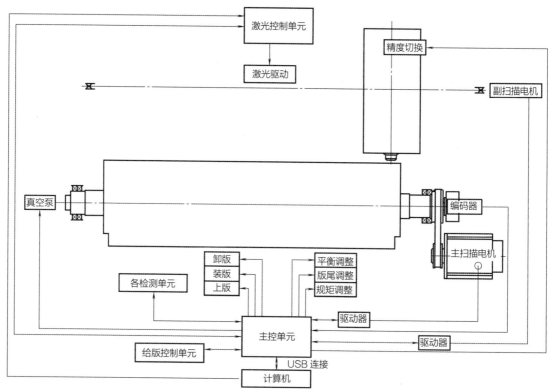

图3-2-4　主扫描、副扫描以及光栅信号三者同步实现原理

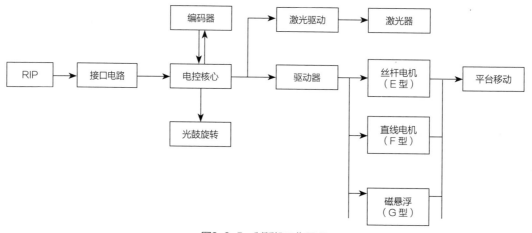

图3-2-5　制版机工作原理

（3）保持版材卫生清洁，版材背面有无杂质。

第二节 数字制版

学习 目标	能测量拼版文件的尺寸；激光能量和雕刻速度的选择；上版，雕刻，卸版的流程 管控（覆膜操作）。

操作 步骤	测量拼版文件的尺寸；选择激光能量和雕刻速度；上版，雕刻，卸版。

相关 知识	柔性版数字直接制版机，在本书中简称柔版CTP或CTP。

一、数字直接制版机参数对印版质量影响

1. 焦距

焦距，是光学系统中衡量光的聚集或发散的度量方式，指平行光入射时从透镜光心到光聚集之焦点的距离。对柔版CTP来说就是激光由透镜到版材表面的距离（图3-2-6）。焦距是一个在机械设计时距离已经固定的值。对不同的版材厚度，通过前后调整镜头与版材表面之间的距离，使激光的光斑落在数字柔版的烧蚀层上。

2. 激光输出功率

激光输出功率是指激光器的输出功率强度。通过调整激光器输出功率使激光能

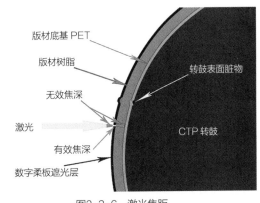

图3-2-6 激光焦距

刚好清除烧蚀层而没残留。功率过大会使网点扩大，并影响激光器寿命；功率过小会导致烧蚀层无法彻底清除干净。

二、数字直接制版机的使用及维护方法

（1）打开激光雕刻机操作软件。

（2）建立模板 选择正确的分辨率、激光功率、尺寸等参数（图3-2-7参数设备界面）。

（3）导入文件 模板设置好后（图3-2-8），单击"打开文件"，选择出版文件，文件自动加载到出版列表。

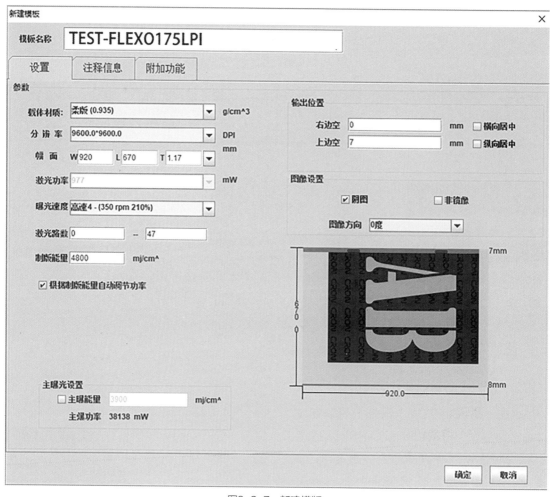

图3-2-7　新建模版

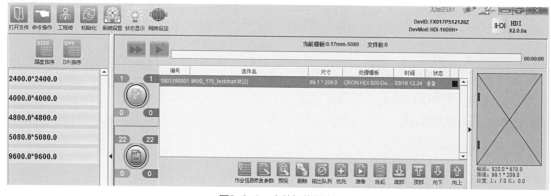

图3-2-8　文件加载列表

（4）开始出版　单击 ▶，柔版CTP开始出版操作。

（5）机器操作　机器完成调整后，版头夹自动打开，直接将版材一边塞进版头夹中，按"确认键"，进行雕刻。

第三章

制版

第一节　曝光、冲洗及烘干

学习目标	能根据分色版图文的特性调节分层、分级曝光的时间；能制作124l/cm及以上的精细彩色版；能调节冲洗液的配方；能排除冲洗过程中的故障；能排除烘干过程中出现的故障；能根据版材性能确定印版的回复期。

操作步骤	1.　分层、分级曝光操作的步骤 （1）分析分色片的内容如线条、文字、网线等，确定完成所有曝光需要的时间和步骤。 （2）将裁切好已经背曝光过的印版放入曝光机内，盖上分色片，吸好真空。 （3）调整好第一次曝光时间，开启光源。 （4）第一次曝光完成后，打开机器盖子，将第一次曝光完成的部位用黑色不透明胶片遮盖好。 （5）调整好第二次曝光所需时间，开启光源。 （6）重复第（4）步，将第二次曝光完成部位和第一次的一起遮盖。 （7）调整第三次曝光所需时间，开启光源。 （8）重复第4步骤，直至内容全部完成曝光。 2.　排除冲洗过程中故障的步骤 （1）冲洗过程中发生故障时，察看故障现象。 （2）分析现象，逐步排查现象产生的原因。 （3）排除产生的故障。 3.　排除烘干过程中出现故障的步骤 （1）查看烘干过程中出现的故障。 （2）分析产生故障的原因，并能排除和统一。 （3）确认故障的主要原因，找出问题的所在。 （4）排除问题，恢复正常。 4.　根据版材性能确定印版回复期的步骤 （1）了解版材的性能，基本来说每样版材它的回复期一般不会有太大的误差。

（2）取一版材进行正常的曝光和冲洗。

（3）放入烘箱，并记录下时间。

（4）隔小段时间测量其厚度，直至印版厚度达到标准值内，并记录下时间。

（5）计算放入烘箱起至达到印版厚度的时间，这个时间就是所测印版的回复期。

相关
知识

一、分层、分级曝光的基本原理和方法

在进行印版制作前要对制作数据进行测试。首先是对预曝光进行测试。版材预曝光的主要目的是要建立起浮雕的深度，加强感光树脂层与聚酯支撑膜间的黏着力。

（1）主曝光　感光性树脂版材在紫外光的照射下，首先是引发剂分解产生游离基，游离基与不饱和单体的双键发生加成反应，引发聚合交联反应，从而使见光部分（图文部分）的高分子材料变为难溶甚至不溶性的物质，而未见光部分（非图文部分）仍保持原有的溶解性，可用相应的溶剂将未见光部分（非图文部分）的感光树脂除去，使见光部分（图文部分）保留，形成浮雕图文。

（2）后曝光　即稳固曝光，将印版的感光树脂完全曝光的后曝光步骤决定印版的最终硬度。这一步骤决定印版的耐印率和抗溶剂、压力能力。

在制作分色多层版时，由于它每一色的内容都不相同，所以我们在进行曝光时不能一概而论的以同一个时间去曝光，这就需要我们在对它们曝光时进行分层，分级的曝光。

进行分层、分级的曝光基本方法就是将曝光时间少的内容进行曝光后，用黑色不透明物进行遮盖，然后对其他需要曝光时间长的部分进行加曝，直至内容全部完成曝光。

二、精细彩色版的制版原理和制作要求

在制作一套精细分色印版的时候，往往可以看到所需要制作的印版的内容是有差别的，以C、M、Y、K四色为例的精细分色版作比较，就可以明显看见它们的内容是不一样的。有些颜色的分色片上也可以明显看见其在一张分色片中的内容也会有很多种。那么在制作的时候就不能一概而论地将它们的主曝光时间统一，就需要在制作的时候掌握调整好主曝光时间。在平时制作中经常碰见一张版面上有很多种内容的产品，比方说反白内容、正常内容、网线等多种内容结合在一起的情况，这就更需要我们在制作时能调整主曝光的时间。

在制作精细彩色版时，对曝光时间的要求很高，如果时间太少，很容易造成印版上精细的网点丢失或破碎，如果时间太长又会使印版上反白的内容填实，造成糊版。

三、冲洗液组成的基本原理及各种溶剂的特性、作用

调整冲洗液的配方的步骤：

① 测量当前冲洗液的比重，是否高于或者低于标准比重值。

② 如果当测得比重小于标准值，则说明四氯乙烯偏少，那么我们就需要再补充新的四氯乙烯。

③ 反之，则说明正丁醇偏少，就需要在冲洗液中加入正丁醇。

④ 将需要补充的溶剂加入冲洗液后，充分搅拌，待溶剂平静后重新测量，直至测得标准比重为止。

冲洗液的配制较为简单，只需按使用说明加入一定比例的清水就可。由于定影液进入显影液后，会产生化学反应使显影液失效，故需注意以下两点：

① 如直接在显影机内配置或配置后手动倒入冲洗槽，注意绝对不能把定影液溅入显影液。

② 配制后需摇匀。

冲洗版材时注意药水对眼睛及皮肤的伤害；药水溅入眼内会有疼痛和灼伤的感觉，不要用手去搓揉，马上用清水清洗眼睛；溶剂搅拌完成后一定要等溶剂完全平静之后再测量其比重。

四、冲洗过程中产生故障的原因及排除方法

为制得高质量的柔性版，自动化的冲洗过程设备须具有以下功能：

① 温度控制功能，冲洗溶剂（一般为正丁醇和四氯乙烯的混合液，密度约为1.418）的温度一般控制在26℃时，冲洗质量最稳定。由于国内不同的地区气温不同，所以溶剂箱的温度要可以设定并能保持恒温。

② 可以设定洗版的速度，控制洗版的时间，以适应各种版材的冲洗。

③ 可以自动调节毛刷的高度，以适应刷洗不同厚度的版材。

④ 可以自动感应并计算版材的长度，以自动控制刷子的运动及循环药水冲淋版材后的拭干等机械动作。

⑤ 刷子要硬度适中，排列合理，既不能太软，版材冲洗得不干净，又不能太硬。

⑥ 可以自动进行预烘干（一般在60℃），印版拿出来应不带洗版液，以利于清洁。

⑦ 有药水补给功能，以保证洗出的柔印版底基干净，图文细部清晰。

⑧ 设备密封好，有挥发气体的负压排除功能。

⑨ 确保工作环境良好。

在冲洗单元保养方面，有以下事项需要注意：

① 保证控制温度的冷媒量，以确保温度控制功能良好。

② 注意过滤清除溶剂中的杂质，防止传输管路以及电磁阀被堵塞。

③ 经常清洗凝固在机内的树脂，以减少各种刷子的运动阻力，减少拖动电机的额外

负载。

④ 由于毛刷经常与溶剂接触，其硬度会逐渐增大，以致影响洗版的质量，所以要注意其硬度的变化，必要时予以更换。

⑤ 保证刷子运动、版材传动等机械运动部件的良好润滑。

⑥ 保持室内清洁，每两个月对挥发气体排出风机进行一次清理，保证其工作效率。

五、烘干过程中的故障及排除方法

（1）有恒温控制功能 一般干燥温度应控制在60℃左右，温度太高对版材不好，太低则溶剂挥发速度太慢，工作效率低。

（2）具有排出气体的功能 在干燥过程中，烘干抽屉中的挥发溶剂气体密度在逐渐增大，如果没有负压排除功能，就会阻滞版材干燥。

（3）设备密封良好，保证良好的工作环境。

柔性版制版机的干燥单元在设备保养方面应注意以下事项：

① 保持抽屉滑轨良好润滑，由于抽屉温度较高，润滑油脂易融化、挥发，加上又有挥发溶剂气体的凝结、溶解，均不利于抽屉滑轨润滑。抽屉滑轨应每两日润滑一次。

② 抽屉拉出很多时，不可重压，以防损坏抽屉滑轨。

③ 每两个月要对溶剂气体排出风机进行一次清理，使之保持良好的工作效率。

六、印版恢复期与印刷质量的关系

印版在冲洗完成后，由于有溶剂进入印版内，需要将印版里面溶剂完全挥发，这一过程就是印版的恢复期。如果印版没有达到恢复期，说明印版内的溶剂没有挥发干净，印版的厚度就比生版的厚度要高。由于印版发胀版厚度增加，那么在印刷时文字、线条和网点等内容就增粗，网点就容易造成糊点。而如果挥发时间过长超过恢复期，那么印版就会开裂，印刷时造成内容的缺失与破损。

印版冲洗完成后版面是发胀的，在拿印版的时候要注意不能将印版碰到尖锐物器上，也要小心手指甲将印版版面划伤。

第二节　柔性版数字直接制版机工作原理

学习目标　掌握制版机的激光光源，光学成像技术及其特点，印版曝光系统。

相关知识

一、柔性版数字直接制版机的激光光源

柔性版数字直接制版机光源的使用类型包括：Fiber Laser光纤激光，YAG固态激光，半导体红外激光几种类型。

1. Fiber Laser光纤激光。是指用掺稀土元素玻璃光纤作为增益介质的激光器，光纤激光器可在光纤放大器的基础上开发出来：在泵浦光的作用下光纤内极易形成高功率密度，造成激光工作物质的激光能级"粒子数反转"，当适当加入正反馈回路（构成谐振腔）便可形成激光振荡输出。在应用中属于常开激光。

2. YAG固态激光。是在作为基质材料的晶体或玻璃中均匀掺入少量激活离子。例如：在钇铝石榴石（YAG）晶体中掺入三价钕离子的激光器可发射波长为1050纳米的近红外激光。在应用中属于常开激光。

3. 半导体红外激光。在基本构造上，它属于半导体的P-N接面，但激光二极管是以金属包层从两边夹住发光层（有源层），是"双异质结接合构造"。而且在激光二极管中，将界面作为发射镜（谐振腔）使用。半导体激光器工作原理是激励方式。利用半导体物质，即利用电子在能带间跃迁发光，用半导体晶体的解理面形成两个平行反射镜面作为反射镜，组成谐振腔，使光振荡、反馈、产生光的辐射放大，输出激光。

二、CTP 光学成像技术

CTP的激光成像按采用成像元件（光源）的不同可分成多边形旋转棱镜激光束扫描成像、发光二极管阵列扫描成像、数字微镜成像和光阀成像四大类，它们有不同的成像特点。

1. 旋转棱镜激光扫描成像

旋转棱镜激光扫描成像是产生最早的设计方案，这种成像方法不仅用于以静电照相为基础的数字印刷系统或台式激光打印机，也用于绞盘式激光照排机、聚酯与纸基CTP印版成像系统等。图3-3-1是多边形旋转棱镜激光扫描成像系统的工作原理示意图。

激光器发出的激光束由棱镜表面反射到凹面镜，形成平行的激光束后投射到感光鼓、胶片或印版表面，以逐行扫描方式成像。由于成像精度取决于激光束到达记录材料表面时的

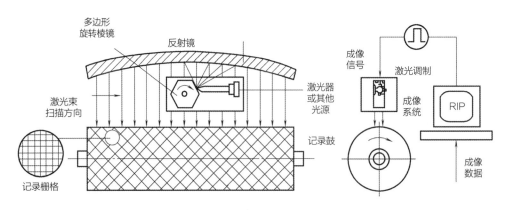

图3-3-1　旋转棱镜激光扫描成像工作原理示意图

光束直径，因而记录鼓的旋转速度需与激光光束直径匹配。制约旋转棱镜成像系统工作速度的主要因素不是记录鼓的转速，而是多边形棱镜的旋转速度，考虑到控制记录点间距均匀分布的需要，只能用步进电机驱动多边形棱镜，因而提高棱镜的旋转速度有一定困难。

旋转棱镜激光扫描成像系统在照排机和激光打印机上均有应用，计算机描述的页面内容经RIP解释并高频调制后，由数据控制系统转换成点阵描述；载有图文信息的激光束经光学系统聚焦并反射，通过光学透镜校正扫描失真，沿记录鼓轴线等间距地扫描到鼓面上，形成与页面内容对应的记录点群，完成曝光和记录过程。图3-3-2给出了一个典型的旋转棱镜成像系统的结构、工作原理和光路示意图。

2. 发光二极管阵列扫描成像

普通的二极管具有整流作用，但发光二极管是一种特殊的二极管，在其整流方向施加电压时有电流注入，电子与空穴复合，其中的一部分能量变换为光能并发射。发光二极管的主要优点是工作状态稳定，可靠性高，连续通电时间可达10万小时以上，且驱动电压只需几

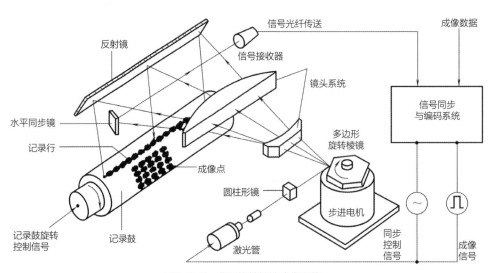

图3-3-2　典型旋转棱镜成像系统

伏，电流仅几十毫安。发光二极管发射的光近似于单色光，与激光相似。选择合适的半导体材料后，发光二极管可以发射出红外、红、橙、黄、绿、蓝等色光，范围相当宽。

图3-3-3是发光二极管成像工作原理示意图。由于发光二极管阵列的排列宽度（即曝光宽度）与页面宽度相等，因而只需通过记录鼓旋转形成沿页面的垂直方向扫描成像，而无需沿页面水平方向扫描，有时称为页面宽度成像系统。

图3-3-4是一个实用发光二极管成像系统的结构简图，发光二极管以矩阵形式排列，最大宽度520mm，超过A2幅面；记录分辨率600dpi，在旋转记录鼓面上成像。典型发光二极管成像系统不仅沿页面宽度方向密集排列，在垂直方向上还有64排发光二极管，因而成像效率比起旋转棱镜激光扫描系统要高，记录鼓每一次旋转角度差应该是相等的，且旋转角度在记录鼓周向产生的位移与64排发光二极管的高度相等。

旋转棱镜成像系统的记录鼓旋转，但发光二极管阵列却静止不动。因此，发光二极管成像系统的水平记录精度取决于水平方向单位长度内排列的发光二极管个数，垂直记录精度则由记录鼓的旋转精度保证。发光二极管阵列用作成像光源时，尽管成像系统的记录精度与记录鼓的旋转精度和发光二极管的排列密度有关，但考虑到控制记录鼓的旋转精度相对而言更容易，因而主要矛盾是单位长度内可放置的发光二极管个数。

3. 数字微镜成像系统

图3-3-5是采用了微镜阵列的成像系统，是一种新型光线开关控制技术，这种成像元件称为数字微镜器件，成像原理类似于发光二极管阵列，即数字微镜器件静止不动，只有记录鼓旋转。

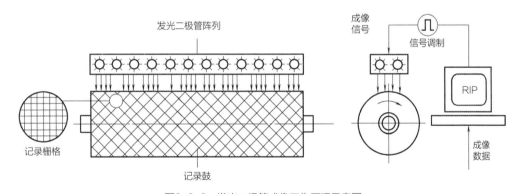

图3-3-3　发光二极管成像工作原理示意图

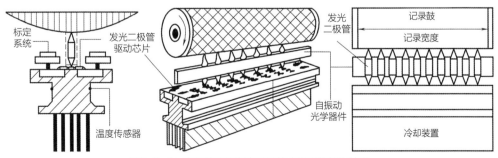

图3-3-4　实际使用的发光二极管成像系统结构简图

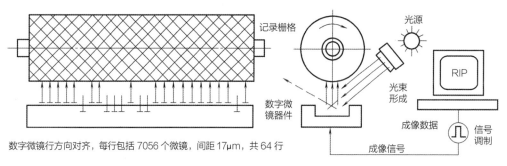

数字微镜行方向对齐,每行包括 7056 个微镜,间距 17μm,共 64 行

图3-3-5 多束光数字微镜成像技术(静止)

德国贝斯印(BasysPrint)公司研制的CTcP计算机直接制版系统UV-Set 710使用了数字微镜成像技术,用于对常规印版成像。通常,一个数字微镜器件中包含数量众多的微镜,例如每行包含7056个微镜,排列成64行,微镜与微镜的间距约17μm,因而有效记录宽度约5inch,分辨率为150dpi。注意,微镜本身并不是光源,而是控制光线的开关元件。从光源(通常为发光二极管)发出的光线由特殊的光学系统聚焦后形成光束,射到数字微镜器件上,由于每个微镜均能控制光束的通过或关闭,因而作用相当于滤色镜,受成像信号控制。图3-3-6是利用数字微镜器件建立的实用成像系统例子。

数字微镜器件成像系统的结构和光路安排等类似于旋转棱镜激光扫描成像系统,区别仅在于光束控制。成像系统中环形反射器的作用类似于旋转棱镜,发光二极管发出的光束抵达凹面面向光束的环形反射器(称为第一反射器)后,被反射到另一个凸面面向光束的环形反射器(称为第二反射器);光束经第二反射器反射后为数字微镜器件所接收,通过投射镜的

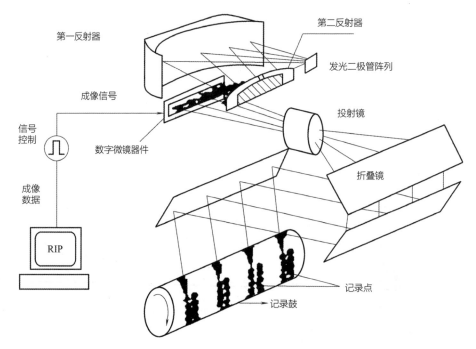

图3-3-6 数字微镜器件成像系统

调制，再射到折叠镜上；来自折叠镜的光束被反射镜反射，最终到达记录鼓表面，记录下与页面内容对应的图文信息。

4．光阀成像系统

以光阀为基础的成像系统见图3-3-7，它采用了一种特殊类型的光束控制技术，光阀材料大多为光电陶瓷。采用光阀的成像系统不仅记录分辨率高，且成像速度也相当快。

光阀成像系统的曝光光源大多为激光或发光二极管。从图3-3-7可以看到，光阀所起的作用类似于数字微镜器件，用于控制光束是否射到记录鼓表面。但与数字微镜器件相比，在概念上光阀更容易理解，与人们日常生活中常见的阀门概念基本上是一致的。光阀对光束的控制信息来自成像信号，只有与页面图文内容对应的部位才会有入射光束。

5．方形光点技术

方形光点技术弥补了圆形光点之间的重叠、因重叠而造成印版上网点的扩大、网点边缘不锐利、再现细腻层次困难等不足。方形光点能够和网格边缘完全匹配，没有制版阶段产生的网点扩大，对细腻层次的表现精确到位。

传统的圆形光点的能量曲线属于高斯能量曲线，如图3-3-8（a）所示，具有高斯能量曲线特征的圆形光点有很宽的边缘晕光，如图3-3-8（b）所示。由于边缘晕光的存在，印版上形成的圆形网点边缘模糊，无法忠实再现图像的细腻层次，如图3-3-8（c）所示。

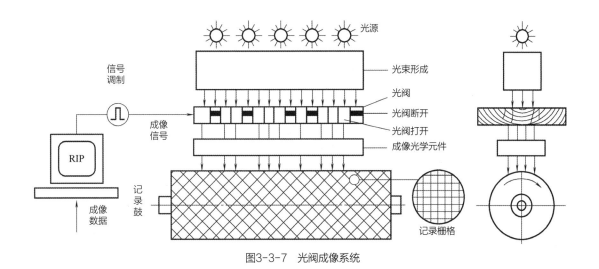

图3-3-7　光阀成像系统

（a）圆形光点的高斯能量曲线　（b）圆形光点的晕光光圈　（c）印版形成的圆形网点

图3-3-8　圆形光点的特征

图3-3-9系统生成方形光点的特征和圆形光点的特征完全不同，它的能量曲线不再是高斯曲线，而是近似梯形，如图3-3-9（a）所示。这样，方形光点四周的晕光很少，能量分布非常均匀，如图3-3-9（b）所示。印版上生成的方形网点边缘非常整齐，如图3-3-9（c）所示，形成的网点非常"崭"，能够非常精美地复制层次细腻的图像。

方形光点形成的原理如图3-3-10所示。首先由20个激光管并列组成的激光线阵发出激光束，每个激光管的功率是40W，20束激光束相互重叠形成激光瀑布，射向镜头系统；镜头系统的作用是把激光能量均匀分布，然后，激光再通过一个特殊的光阀，光阀是形成方形光点的关键器件，能量均匀分布的光束通过光阀以后就被离散为方形的光点，每个光点的功率是8瓦，射到热敏版上后，热敏版表面温度可达400℃，使印版曝光形成方形网点。这样的方形光点生成器，安全性能很高，激光管的使用寿命很长，一般长达5年以上，即便坏了一个激光管，也不会影响到方形光点的能量，还可以制出完全合格的网点来。

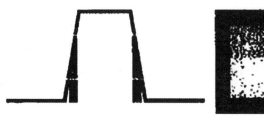

（a）方形光点的能量曲线　　　（b）方形光点晕光　　　（c）印版形成的方形网点

图3-3-9　方形光点的特征

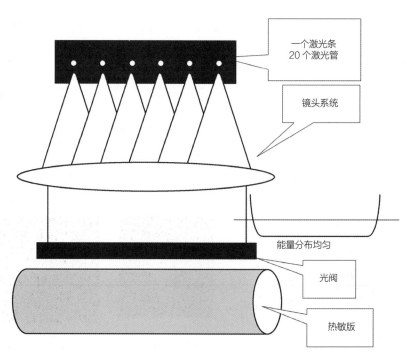

图3-3-10　方形光点生成原理

6. 自适应聚焦技术

自适应聚焦技术的原理如图3-3-11所示，安装在曝光激光管前的探测激光管发出探测光束，根据探测光束的返回时间，由探测接收器决定印版表面的凸凹程度，然后发出动作指令，指挥聚光透镜前进或后退。使用自适应聚焦技术时，外鼓式制版装置的转速应设定为180r／min。聚光透镜采用磁导轨驱动，最小行程为1μm。使用自动聚焦技术，印版曝光均匀，保证了印版上生成的网点大小一致，有利于印刷工序的质量控制和提高印品的整体质量。

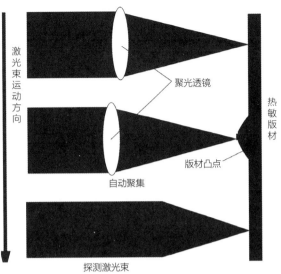

图3-3-11　自适应聚集技术原理图

三、印版曝光系统

印版曝光成像有两种方式：单束（几束）激光高速扫描和多束激光组相对低速扫描。

1. 高速扫描曝光系统

通常，高速扫描是通过微调镜面快速折射激光束来完成。为了保证光路长度的恒定性，这类制版机基本采用内鼓式曝光系统。所谓内鼓式曝光系统是指将调节镜安装在滚筒的中轴上，通过螺旋驱动沿着中轴移动而对印版曝光。

也可采用平台式曝光系统，这类系统通过一个透镜（或全息透镜）来微调校正光路长度的变化，这种组件的最大直径可达0.5m。

通常内鼓式曝光系统采用高质量的单光束（为提高激光能量也有采用多光束结构）。内鼓式曝光和平台式曝光系统通常采用紫激光。由于830nm激光二极管不能生成足够窄的激光束，故热敏内鼓式制版机使用1064nm的YGA激光光源。

2. 低速扫描曝光系统

由于激光束和印版间的相对运动较慢，曝光时需通过大量激光束（16束以上）对版面曝光。印版夹在滚筒外侧，激光头以螺旋式运动沿滚筒轴向曝光，这种系统称外鼓式曝光系统。

由于外鼓式比内鼓式和平台式的曝光时间长，因此，外鼓式特别适合热敏版的曝光。外鼓式结构的光路比较短，对激光的质量要求较内鼓式相比要低。外鼓式制版机都采用830nm的热敏激光。

四、制版机分类与特点

目前，市场上出现的CTP版材有很多种，与之配套的计算机直接制版机的种类也有很多种，概括起来主要有内鼓式、外鼓式、平台式、曲线式四大类。在这四种类型中，使用最多的是内鼓式和外鼓式，平台式也比较常用，主要用于报纸等大幅面版材上；而曲线式是这四种制版机中使用得最少的一种。因为前三种制版机用得比较多，市场上比较常见，下面就其各自的结构及特点进行简要介绍。

1. 内鼓式直接制版机

内鼓式成像是把滚筒作为承托印版的鼓，印版被固定在滚筒内轮廓的某个固定位置上。曝光时，声光调制器根据计算机图像信息的明暗特征，对激光光源所产生的连续传输光束进行明暗变化的调制。调制后的激光束并不是直接照射在印刷版上，而是先照射到一组旋转镜上。随着镜子的旋转，激光束就被垂直折射到滚筒上，因此转动镜子也就转动了激光束。旋转镜一般是垂直于滚筒轴做圆周运动，那么激光束相对于滚筒做螺旋形运动。扫描印版时，一部分激光被印版吸收，而其余的光则被折射到记录器内部。调整激光束的直径可以得到不同程度的分辨力，调整镜子的转速，则可以调节曝光时间，如图3-3-12所示。

内鼓式的优点是源于激光照排机的成熟技术，扫描速度快（40000r/min）、精度高、稳定性好，采用单光束激光头，印版底部固定，装版和卸版较简单，价格相对便宜，上下版方便，可同时支持多种打孔规格。目前较先进的紫激光技术多采用这种激光方式。其缺点是光路长，要求激光束质量高，要用较大力量弯曲印版边缘，印版处理相对困难，不适合于大幅面的印刷版制版。不利于打孔与套准系统的整合，也不利于对印版边缘的对准，滚筒底座易随时间变形，影响激光曝光精度。

2. 外鼓式直接制版机

外鼓式制版机将版材包紧在滚筒表面上，当滚筒以每分钟几百转的速度沿圆周方向旋转时，版材会随着滚筒以相同的速度旋转。与此同时激光照射在印版上，从而完成对印版的扫描。一般为了提高生产效率常采用多束激光进行扫描，如图3-3-13所示。

外鼓式的优点是激光与印版靠近，降低了对激光质量的要求和对光学系统对准的要求，适用于大幅面印版的作业，多适用于热敏版材，采用多光束激光头。由于热敏式印版所

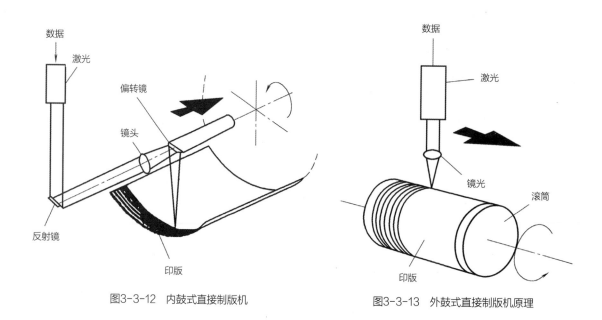

图3-3-12　内鼓式直接制版机　　　　　图3-3-13　外鼓式直接制版机原理

需要的热量大，光源必须要有较大的功率，采用外鼓式制版机可以把光源的定位靠近印版。缺点是适用的版材规格少，滚筒不能高速旋转，上下版慢，机械结构复杂。

对于内鼓式结构，由于使用的是一束激光，其偏差很小，可以忽略不计，即使是使用3束激光的Fujifilm公司新型的Luxel系列制版机，偏移量也不大。而外鼓式结构使用的是多束激光，激光束使用得越多，偏移量就越大。低解像力的偏移量在成像时要高于高解像力的偏移量。有些外鼓式制版机采用了螺旋式成像方式，使用了500束以上的激光束，其偏移量是采用单束激光的内鼓式制版机偏移量的500倍。这样大的偏移量当然会对网点的形成产生影响，要避免偏移量对图像质量的影响，就要使用电子方式对图像的偏移量进行调整。目前市场上的许多CTP直接制版系统对偏移量都有自动补偿功能。

（1）外鼓式结构非常适合热敏成像　热敏版一般敏感度较低，这就要求激光束在每个像素点上有较长的驻留时间，以确保有足够的能量在印版上成像，而这种驻留时间是使用单束激光、内鼓式结构的设备所不能具备的。与内鼓式结构相比。外鼓式结构的激光光路很短，曝光的效率比较高。

（2）外鼓式结构可以使用多束激光，这一特点被超大幅面的直接制版设备所采用。目前市场上超大幅面的直接制版机多数采用了外鼓式技术，使用多束激光来提高成像速度。

（3）外鼓式技术需要注意激光束密度的均匀　多束激光的使用，要求设备的光学系统要能确保每一束激光的密度都相同，密度不一致就会在印版上产生带状条纹，这在使用单束激光的内鼓式结构中是不会出现的。但这一点对使用热敏版来说就无所谓。因为热敏版不会出现曝光过度的问题。

（4）旋转速度问题　外鼓式结构的滚筒，其旋转速度对设备的正常运转非常重要。使用激光束比较少的系统，如使用8束激光的设备，滚筒的运转速度要超过1000r/min；使用激光束较多的系统，如使用FDYAG激光光源的设备有480束激光，它的转速较慢，为70～140r/min。即便如此，由于滚筒在旋转时印版会产生巨大的惯性，因此对固定印版以确保其安全的技术要求甚高。在这种情况下，要求使用多个固版夹将印版牢牢地固定在滚筒上。

3. 平台式直接制版机

平台式直接制版设备比滚筒式结构的设备简单得多，无论自动还是手动，其装版和卸版都非常容易，而且大多数打孔系统都可以在平台式的设备上轻而易举地使用。平台式技术又分为单束激光系统和多束激光系统，如图3-3-14。

（1）单束激光系统　大多数平台式系统都使用一个转镜系统，使单束激光折射在印版表面。在单束激光系统中，印版被装在版台上向前运动，其运动的方向与激光扫描的方向垂直，其向前运动一个像素距离的时

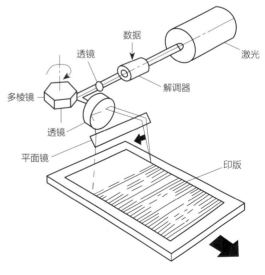

图3-3-14　平台式直接制版机的设计原理

间，与激光从左至右扫描印版所需的时间是一致的。由于单束激光在扫描过程中，在印版的横向往复运动，其镜头到印版的距离是在不断地变化的。

为了确保曝光点尺寸和形状的一致，激光束必须通过一个特殊的透镜在印版上聚焦。因此这也限制了激光的扫描宽度，所以此类设备的制版幅面的宽度都不是很大。

平台式单束激光系统成像速度快，而且拥有最快的自动上版和卸版技术。但是，由于扫描宽度的限制，目前主要被应用于报纸印刷和小幅面和中等幅面的商业印刷生产。如果要使用单束激光系统生产更宽幅面的设备，选择之一就是使用多个激光头，将多组数据结合在一起使用，这就是多束激光系统。

（2）多数激光系统　例如某公司的产品使用了4~6个激光头，每一条激光扫描线是由3~5束激光构成的。使用时将这些激光束用光学和数字式的方式结合在一起，生成一条激光线，大大提高了成像速度和成像面积。

平台式的优点是机械结构简单，设备维护要求较低，上下版容易，稳定性好，扫描速度高，价格相对便宜，可同时支持多种打孔规格。缺点是占地面积较大，不适合于大幅面印版作业，多用于报纸制版。

柔性版制版

（技师）

熟悉工艺改进技术攻关；新产品开发项目；解决不同类型原料与不同印刷材质的匹配问题；解决设备的调试与验收技术问题。通过理论培训教会员工必备的知识，而通过现场的实际操作指导可以提高员工的工作技能，从而使员工发挥最大的岗位潜能，提高工作效率

第一章

设备的调试与验收

学习
目标

能调试、验收制版设备；能借助词典看懂进口设备的技术规格和有关标识。

相关
知识

一、制版系统设备工作原理

1. 柔性版制版设备概述

由于制版方法不同，制作柔性版使用的设备也不相同，有通用的设备也有专用的设备，主要有如下几种：曝光机、洗版机、烘干机、去黏机、后曝光机等。

柔性版制版使用的曝光机、洗版机、烘干机、去黏机、后曝光机一般都组合成一台机器，其结构与固体感光树脂版制版机相同。柔性版制版中所使用的照相机、拷贝机等设备均为照相制版中的通用设备。

（1）液体感光树脂版成型设备　在液体感光树脂版的研制过程中，国内外相应地研制出不同形式的成型设备，使制版过程实现机械化和自动化，以提高制版质量、速度并降低成本。这些设备可分为手动、半自动和自动制版设备三种。手动制版设备结构简单、价廉、易于操作，适于中小型印刷厂使用。

① 手动制版设备。这部分设备主要由成型曝光设备（简称曝光机）、冲洗设备、干燥和后曝光设备等组成。

目前国内使用的手动成型曝光机大部分为各使用厂自制，尽管形式多种多样，但均由

图4-1-1所示的几个部分组成。

a. 光源系统。主要包括进行背面曝光用的上紫外线灯8和进行凸面曝光用的下紫外线灯10以及相应的电器控制设备。常用的紫外线灯有紫外荧光灯和高压水银灯。

b. 成型装置。在机器上部，主要由上玻璃板7、下玻璃板5、垫板6等组成。上下玻璃板是决定印版成型质量的关键，要求透过的紫外线多且平整，刚性好。

c. 真空系统。片基、底片和保护膜要求与上下玻璃板贴紧，没有气泡和间隙，以保证质量。常用真空吸附方法来达到上述目的。它是由真空泵11、真空表3、真空控制带4等部分组成。机器工作过程如下：工作时，将底片放在下玻璃板上，盖上保护膜，开动真空系统，放入感光树脂并刮平，盖上片基，双面曝光时用玻璃板盖上，单面曝光则用铁板压上，然后打开光源进行曝光。

冲洗机的工作目的是将未曝光的树脂去掉，留下感光硬化形成潜影的树脂。去掉未感光树脂的方法很多，有弱碱冲洗、气刀吹刮、超声波蚀刻、离心分离、真空抽气等。每一种方法均有相应的设备，因此树脂版的冲洗机也是各种各样的。现以常用的弱碱冲洗法的设备作介绍。

图4-1-2为一种弱碱冲洗机的结构示意图，它的组成如下所示。

a. 碱液箱。一般由耐碱材料制成，由温控装置来调节碱液温度。

b. 碱液喷射系统。主要由耐酸泵2、耐酸管3和喷嘴9等组成。

c. 装版系统。主要有电机4、减速链条5、偏心轮6、装版靠版8等组成。偏心轮的作用是使树脂版在冲洗过程作偏心回转，各部分受到碱液冲洗均匀，保证冲洗质量。

冲洗过的碱液经回流管13回到碱液箱中循环使用，为了保持碱液浓度要定时加新碱液。

冲洗过程是：首先闭合电路，使弱碱加热至预定温度，然后将曝过光的树脂版放在装版靠版8上，用夹子7夹住，启动电机4，使装版靠版8带动树脂版转动，打开耐酸泵开关，碱液由喷嘴9喷出，在碱液喷射下，未曝光的树脂版随碱液一起下流，已曝光部分则保留下

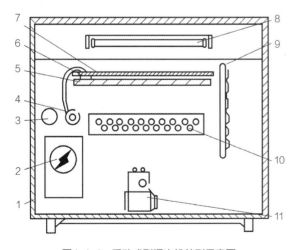

图4-1-1　手动成型曝光机外形示意图

1—机体　　　　2—电器箱　　　3—真空表　　　4—真空控制带
5—下玻璃板　　6—垫板　　　　7—上玻璃板　　8—上紫外线灯
9—镇流器　　　10—下紫外线灯　11—真空泵

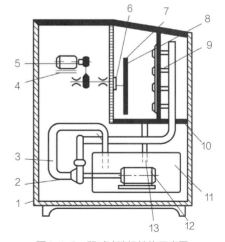

图4-1-2　弱碱冲洗机结构示意图

1—机体　　　　　2—耐酸泵　　　3—耐酸管
4、12—电机　　　5—减速链条　　6—偏心轮
7—夹子　　　　　8—装版靠版　　9—喷嘴
10—冲洗箱　　　　11—碱液箱　　　13—回流管

来，即得到印版。

图4-1-3为APR手动制版设备结构原理示意图，它包括成型曝光装置、冲洗装置、干燥后曝光装置三台设备。它的制版操作过程与前面所述基本相同。

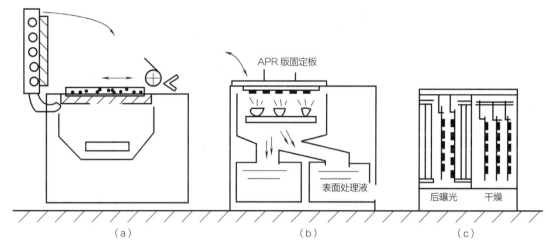

图4-1-3　APR手动制版设备结构原理示意图
（a）成型曝光装置（b）冲洗装置（c）干燥后曝光装置

② 自动制版设备。为了提高制版速度和质量，在比较成熟的液体感光树脂版材生产中已陆续采用了半自动和自动制版设备。

半自动制版设备一般包括两台机器，一台完成铺流成型、曝光，另一台则进行冲洗（显影）、烘干和后曝光。半自动制版设备由成型曝光装置和冲洗、干燥、后曝光装置两部分组成的。工作时，液体树脂版经铺流曝光成型并形成潜影后，经人工操作将版送入冲洗装置的传递带上，在传送带的带动下，经冲洗、干燥、后曝光三个工序，使印版完成相应的制版工序。

自动制版设备是将铺流机和冲洗机完成的工作有机地结合起来，这种设备除了人工装底片外，从覆盖保护膜到输出印版的整个过程，均由机构设备自动完成。图4-1-4为自动制版设备示意图。它由树脂铺流装置、保护膜装置、片基装置、曝光装置、传送装置、冲洗装置（包括弱碱冲洗、清水冲洗）、传送带、后曝光装置、光源系统、碱液箱、树脂箱等部分组成。

此设备由人工将底片放在下玻璃板11上，调定曝光时间和调节计数器规定所需的印版张数后，按下启动按钮，机器就开始自动运转，其工作顺序如下：工作时，人工把底片1放在左下方玻璃板11上，并将保护膜10的前端夹在玻璃框架上，按下启动按钮，保护膜装置2开始工作（由虚线位置向左移动），将保护膜10严实地覆盖在底片1上，动作完成后，下玻璃板11随框架立即向右移到料斗3下面，树脂泵24把树脂从树脂槽25打入料斗3中，在玻璃板框架匀速移动过程中，树脂4均匀地从料斗3流出进行铺流，并用刮刀刮成一定的厚度。

玻璃板框架继续移动到片基辊5下面，开始对片基进行覆盖，片基辊5以与玻璃板框架一起移动速度相等的圆周速度回转，把片基严实地压在树脂上，覆盖好片基的树脂同玻璃板框架移动到紫外线灯7下面停住，盖上上玻璃板6，由紫外线灯7进行背面曝光，高压水银灯

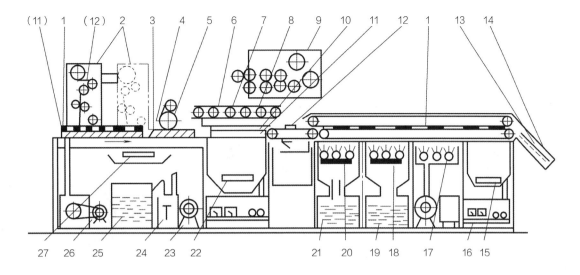

图4-1-4　自动制版设备示意图

1—底片	2—保护膜装置	3—料斗	4—树脂	5—片基辊
6—上玻璃板	7—紫外线灯	8—片基	9—片基装置	10—保护膜
11—下玻璃板	12—传送装置	13—印版	14—收版斗	15—后曝光灯
16—后曝光控制装置	17—加热器	18—表面处理液喷头	19—表面处理液箱	20—碱液喷头
21—碱液箱	22—高压水银灯	23—电机	24—树脂泵	25—树脂槽
26—真空泵	27—照明荧光灯			

22进行主曝光。曝光完成后，传送装置12从玻璃板11上取出已曝光的树脂版。一面揭去保护膜，一面把树脂版送到冲洗设备的链条传送带12上（玻璃板框架开始回到原始位置）进行传送。依次进行冲洗、表面处理、干燥和后曝光操作。最后输送到收版斗14里，于是一块印版加工完毕。以后依次连续制版，按规定印版张数全部完成后自动停机。

（2）固体感光树脂版制版设备　由于固体感光树脂版是一种已成型的版材，在制版过程中不再需要进行铺流成型，因此制版设备比较简单，一般都把曝光、冲洗和干燥等操作集中在一台机器上进行，这样便于操作和集中管理，图4-1-5为ZBSG-500、600型固体感光树脂版制版机的外形图。该机冲洗机在上部，曝光机在中部，烘干机在下部，组成一个方箱形，优点是操作方便、效率高、成本低和占地面小，该机的规格参数如下：

曝光面积：400mm×500mm（500型）；650mm×790mm（600型）

曝光光源功率：20W×16

真空度：66.7～93.3kPa

解像力：120lpi

耗电功率：1.8kW

图4-1-6为轮转机用固体感光树脂版制版机外形示意图。主要由机身、曝光滚筒、光源箱、传动系统、控制系统等组成。曝光滚筒是一圆柱形圆筒，直径和长度与轮转机的滚筒尺寸一致；光源箱分上下两部分，均匀地围绕滚筒安装一圈灯管，灯管间与到滚筒的距离相等。工作时上箱与下箱合在一起，不工作时打开，便于安装印版，制版机的工作过程是：首先把固体树脂版和胶片牢固地贴在曝光滚筒表面上（用真空吸附最好）胶片与树脂贴紧压

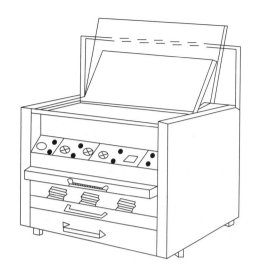

图4-1-5 固体感光树脂版制版机

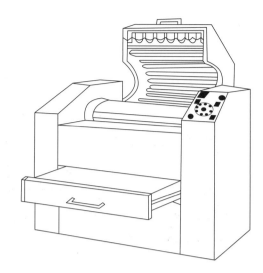

图4-1-6 轮转机用固体感光树脂版制版机

实，保证无间隙，然后放下上曝光箱与下部分合在一起，打开传动系统开关，带动曝光滚筒匀速转动，保证每一部分的曝光均匀，打开光源进行曝光。曝光完成后，取出被曝光形成潜像的固体感光树脂版经冲洗烘干后，得到所要求的印版。

2. 柔印制版的工艺流程

目前使用的柔性版制版过程一般分为6个步骤：背曝光、主曝光、冲洗、干燥、去黏、后曝光。相应地，由曝光单元、冲洗单元、干燥单元、去黏单元等来完成这6个步骤。

（1）曝光单元　曝光分为背曝光和主曝光。

① 背曝光。版材支撑膜向上，保护膜向下，平铺在曝光抽屉中接受曝光。UV-A光透过支撑膜使感光树脂聚合，主要作用在于建立版材底基，作为浮雕的基础加强聚酯支撑膜与感光树脂层的结合力。背曝光时间由背曝光测试获得。

② 主曝光。版材支撑膜向下，平铺在曝光抽屉中，撕下保护膜，将载有图文的负片附在感光树脂上，再将真空膜附在胶片上，打开真空泵，胶片与感光树脂紧密贴合①UV-A光透过真空膜及胶片图文，使感光树脂交联，形成隐形不溶性浮雕图案。在此过程中，胶片的黑度和抽真空的程度是关键因素，前者用于保证无图文部分彻底阻隔紫外光，后者则可以保证胶片与感光树脂紧密结合，减少残存的空气在曝光过程中产生光晕，影响制版效果。主曝光时间由主曝光测试确定。

a. 曝光部分应配备不同尺寸和功率的UVA灯管。对于不同系列和不同型号尺寸的制版机，在整个受光面积上的光强一般为$70 \sim 110mW/cm^2$。同一曝光单元，受光必须均匀，正负偏差不能大于3%。

b. 有精确的曝光计时装置。

c. 有足够的真空吸附能力，一般要求能生成-0.07MPa以上的负压。这样，一方面可保持胶片与版材密切贴合，减弱光晕现象另一方面，可及时排除制版过程中生成的臭氧。

密封条件要好，以避免紫外光外泄造成对操作人员的伤害。

（2）冲洗单元　冲洗是为使曝光过程中未接受紫外线照射而未发生交联的感光树脂溶解在冲洗溶剂中，使接受紫外线照射已发生交联的感光树脂形成浮雕。

（3）干燥单元　版材在冲洗过程中，由于长时间与溶剂接触，会吸入溶剂而产生膨胀。通过热风干燥，可使版材中的溶剂挥发，使其恢复到原来的尺寸和厚度。

（4）去黏单元　印版干燥后表面仍然是黏的，所以不要与其他物品表面接触，不要用手接触树脂表面，以免留下手印。去黏就是利用波长为220～260nm的紫外光对树脂版进行照射，使印版表面去除黏性。注意去黏时间过长会导致印版龟裂或在使用存放过程中发生龟裂。

（5）后曝光单元　后曝光是柔性版制版的收尾工作，即在UV-A的照射下，使印版的感光树脂彻底聚合。后曝光决定着印版的最终硬度、耐印力及抗溶剂、抗压力。后曝光一般在曝光单元进行，有的设备去黏和后曝光是同时进行的，提高了工作效率。

柔印制版采用的曝光光源主要有以下几种。

UV-C短波紫外线，波长范围是180～280nm，用于印版的后处理；UV-B中波紫外线波长范围280～320nm，制版中一般不用；UV-A长波紫外线，波长范围320～400nm，UV-A用于印版的背曝光、主曝光和后曝光。

UV灯管的设计寿命一般为600h左右，由于在使用过程中光强在逐渐减弱，因此曝光时间应逐渐加长。另外，由于新灯管刚开始使用时，能量释放不稳定，所以应在开灯15～20min后再开始正式生产。

3．柔性版数字直接制版机焦距测试

焦距测试以三个基础分辨率为例（2000dpi、2400dpi、2540dpi），高分辨率是以低分辨率为基础倍增。低分辨和相应的高分辨率共用一个焦距参数，对应关系如表4-1-1所示。测试所需材料一般为菲林或客户使用的版材、背光板、厚度计（精度0.001mm）、100倍放大镜、3M胶带等。

表4-1-1　焦距测试基础分辨率、高分辨率对照表

基础分辨率	2000dpi	2400dpi	2540dpi
高分辨率	4000dpi	4800dpi、9600dpi	5080dpil

测试步骤

（1）建立模板　选择需要测试的分辨率、载体材质、厚度、制版能量、幅面（焦距测试图幅面为280mm×60mm）、吸尘，不勾选横向居中、纵向居中、阴图、镜像、螺线校正、周长修正、网点补偿，图像不旋转，重复曝光路数输入0，如图4-1-7所示。

（2）选择对应分辨率测试图导入。

（3）选择输出队列中的作业-修改参数-附加功能-焦距测试-聚焦测试20次、聚焦补偿-40步。如图4-1-8所示。

（4）开始输出作业流程，结束后取下版材，放在背光板上（图4-1-9）。

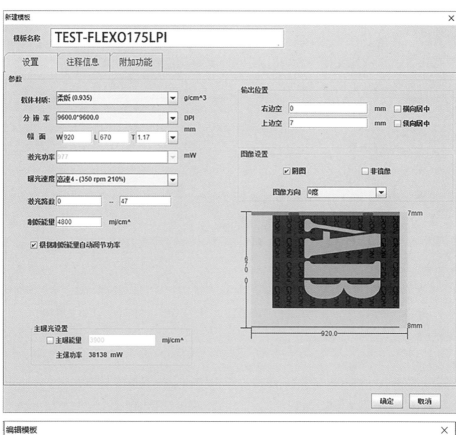

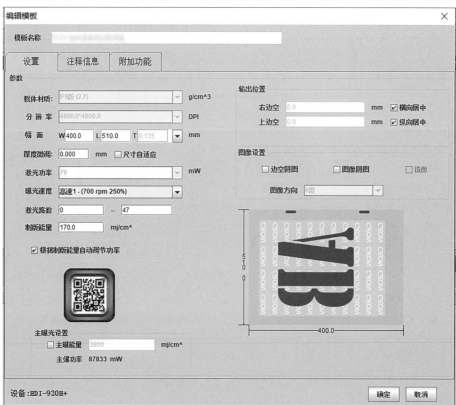

图4-1-7 模板设置界面

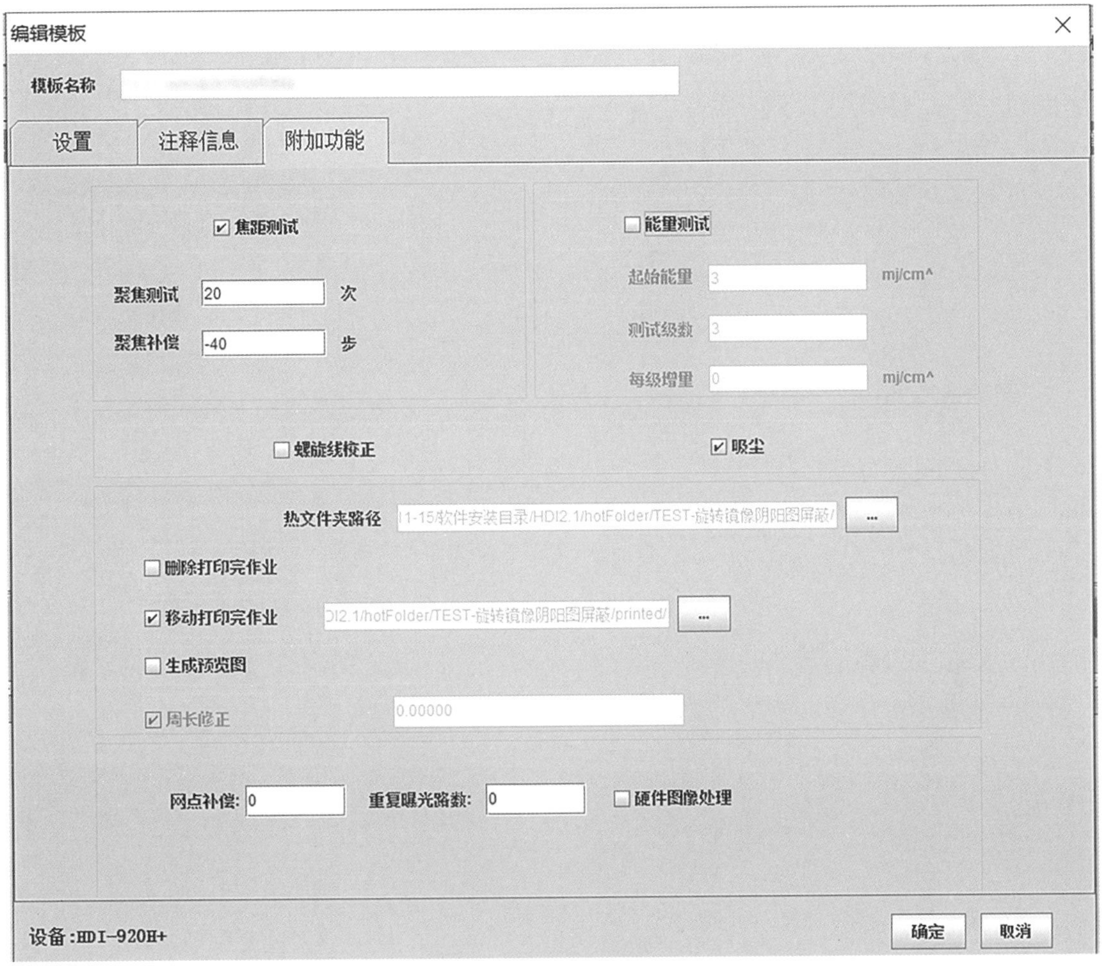

图4-1-8 模板编辑界面

图4-1-9 制作完成的版材

（5）评价方法及结果判定

① 评价方法。从测试图最左侧或最右侧起，逐个观察0.5%处的网点，选出绝大部分网

点清晰处，在其上方做出标记，如图4-1-10所示。

在焦距偏差较大的地方，0.5%处是全部或绝大部分网点未雕出来，而在焦距合适的地方，网点绝大部分是清晰、干净的。如图4-1-10，图4-1-11所示。

② 结果判定。根据在左右两侧所做的标记处的数值，分别记为X、Y，最终焦距修改值为（$X+Y$）/2。

③ 参数修改。进入设备参数设置，选择对应的分辨率，增加或减少上一步判定的修改值（修改值为正时增加，修改值为负时减少）。修改后，保存数据。

④ 重复以上步骤，调整至修改值位于"0"位。

⑤ 辅助判断方法。观察网点正下方处的1像素、2像素、3像素、4像素宽的焦距线（图4-1-12）。根据灰雾度情况，从一侧往中间处检查，选择第一个干净、无明显脏迹处，做出标记，另一侧亦然。判定修改值方法同②，修改机器参数同③。

图4-1-10　测试图检查1

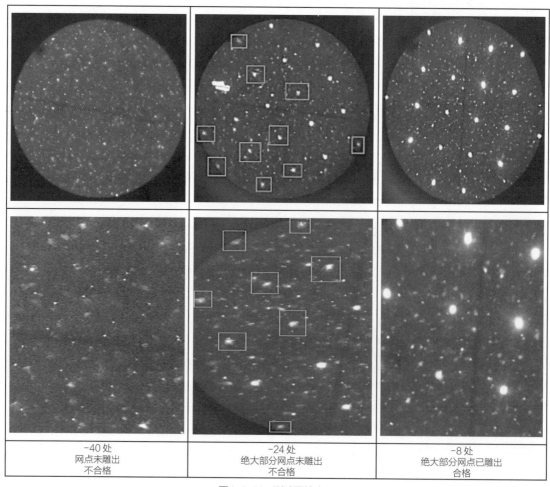

-40处 网点未雕出 不合格	-24处 绝大部分网点未雕出 不合格	-8处 绝大部分网点已雕出 合格

图4-1-11　测试图检查2

图4-1-12　辅助判断图

二、相关的外文专业词汇

相关的外文专业词汇对照表见表4-1-2。

表4-1-2　外文专业词汇对照表

accessory	辅助	camera profile	照相机色彩特征文件
additive primary colors	加色三原色	capstan tension	绞盘张力
add-ons	辅助设备	central impression cylinder	中央压印滚筒
advertising printing	广告印刷	CI press	卫星式印刷机
all-over coloring	满版上色	coating	上光
amplitude-modulated （AM）screening	调幅加网	color correction	色彩校正
anilox roll	网纹辊	color balance	色彩平衡
automatic printing plate operation	印版自动运行	color characterization	（设备）色彩特征化
automatic roll end shut off	封头自动切断	color correction	颜色修正

续表

base weight	定量（纸张）	color deficiencies	颜色缺陷
blower impeller rotation	鼓风机叶轮旋转	color management	色彩管理
color reproduction	颜色复制	emulsion	感光乳剂
color separation	分色	expose	曝光
color sequence	色序	extruder	挤压成型机
color transformation	色彩转换	feet per minute	英尺每分钟
compensate	补偿	film processors	胶片显影机
contact plate	接触式制版	filmsetter	照相排字机
continuous tone	连续调	filter	滤色片
counter	计数器	finishing	印后加工
converting	纸塑包装制品加工	flat-color printing	实地套色印刷
conveyor	输送机	flexible packaging press	柔性包装印刷机
copy dots canning	网点拷贝扫描	flexographic printing	柔版印刷
corrugated post print	瓦楞纸后印刷	flood coat	浸没式涂布
corrugated	瓦楞纸	folding carton press	折叠纸盒印刷机
creasing	压痕	folding cartoon	折叠纸盒
cyan	青色	folding	折页
dampening system	润版系统	forward	正转
deflate core holder	收缩芯轴支撑物	frequency-modulated (FM) screening	调频加网
delivery system	收纸装置	gamut limitation	色域范围
die cutting	模切	graphic communications	印刷图文信息流
digital proofing	数字打样	graphical processing	图文处理
digital camera	数字照相机	gray balance	灰平衡
digital communication	数字通信（技术）	halftone	半色调
digital printing	数字印刷	halftone dot	半色调网点，网目调网点
digital proofing	数码打样	halftone positive	加网阳图片
digital scanners	电子分色机	halftone separation positive	加网分色阳图片
digital workflow	数字工作流程	heat transfer printing	热转移印刷
documentation format	文件格式	highlight	高光
dot gain	网点扩大	highly resoluted	高分辨力的
electronic scanning	电子分色	home	主页
embossing	压凸	hot air dryer	热风干燥系统
emergency stop	急停	hot air from dryer blower	干燥系统鼓风机吹出的热风

续表

hot stamping	热模压，热压凸印，烫印	negative plate	阴图
ICC（International Color Consortium）	国际色彩联盟	offset press	胶印机
idle rolls	辊芯	on during operation	在操作期间打开
impression cylinder	压印滚筒	output（exhauston dryer）	干燥系统上的排气口
increase adjustment with clockwise rotation	顺时针旋转增大调节量	over print	叠印
infeed nip roll pressure	进给夹紧辊压力	packaging	包装
infeed pacing tension	进给调速张力	photographic masking	照相蒙版
ink drawer locked	吸墨装置锁定	photographic printing	照相成像印刷、照相复印
ink drawer unlocked	吸墨装置解锁	photo typesetter	照相排版机
ink jet printing	喷墨印刷	pigment	色料、颜料
ink pump	墨泵	planographic printing、lithographic printing	平版印刷
in-line press	机组式印刷机	plate exposure system	晒版机
intaglio、gravure printing	凹版印刷	plate processors	印版显影机
IT8.7 target	IT8.7色卡	plate roll	着墨辊
jog	慢进	plate cylinder	印版滚筒
knife slitter presser	切刀分条压力机	plate setting	制版
label press	标签印刷机	positive plate	阳图
laminating	覆膜/层压	predetermined stop	预定停止
laminator tension	层合机张力	prepress process	印前处理工艺
light source	光源	presensitized plate	PS版
lower rewind	下部复卷	pressure-sensitive	压敏
lower rewind tension	下部复卷张力	printability	印刷适性
magenta	品红色	printing press	印刷机
main air inlet	主进气口	process inks	三原色油墨、印刷色油墨
main drive	主驱动装置	process-color printing	三原色彩色印刷
main power switch	主电源开关	process-color	原色
manual etching	手工修饰	proof	校样、样张
manual	手动	proof	打样机
meters per minute	米每分钟	reflective scanner	反射式扫描仪
middle tone	中间调	register control system	套准控制系统
Moir	莫尔条纹	registering cross	套准十字线
multi-wall bag	多面手提袋	register	套准

续表

relief printing、letterpress printing	凸版印刷	tack	黏着性
remote proofing	远程打样	thermal digital-direct	热敏数字直接成像印版
reset	复位	thin gauge material	薄印刷材料
reverse	反转	TIFF（Tagged Image File Format）	标签图像文件格式
rewind core holder	复卷芯轴支撑物	tinting	底色印刷
roll end shut off	封头切断	tone reproduction	阶调复制
run and stop	运转接停止	total	总计
run or on	运转或打开	transmission	透射的
run speed per minute	每分钟的运转速度	trapping	墨色叠印
scanner profile	扫描仪色彩特征文件	trimming	光边
scanner	分色机	trimming	切边
screen ruling	加网线数	turning bar	转向棒
screen-process printing	丝网印刷	ultra violet dryer	紫外线固化系统
separation negative	半色调负片	ultra violet dryer bypass	紫外线固化系统旁路
separation table	分色表	unwind core holder	退卷芯轴支撑物
shadow	暗调	unwind tension	退卷张力
short run	短版、短期	upper rewind	上部复卷
simulation	模拟	upper rewind tension	上部复卷张力
single colors	单色印刷	vacuum	真空吸气
slitting	分切	variable	可变
slow run indirection of arrow	按箭头方向慢速运转	vehicle	连接料
splice plat form clamp	粘接台夹具	viscosity	黏度
stack press	层叠式印刷机	waste wind-up rider roll pressure	废料卷压辊压力
standardization	标准化的	waste wind-up tension	废料卷绕张力
stencil printing	孔版印刷	web guide offset	导纸偏差
strike-through	透印	web lead	纸带走纸路线
strobelight	闪光灯	web-threading	纸带、穿纸
subtractive primary colors	减色三原色	xerographic printing	静电照相印刷、静电复印
system diagnostics	系统诊断		

第二章

培训指导

学习 目标	了解初、中、高级柔版制版工的技能要求；编写操作培训提纲和教案。

操作 步骤	1. 学习国家职业技能标准（柔版制版）初、中、高级技能要求。 2. 了解被培训人员情况如基础、等级、工作经历等，以便进行针对性操作培训。设计操作内容，准备操作的相关设备和材料，编写教案（或课件），对每次教学内容进行详细准备，并制订详细计划。 3. 示范操作。

相关
知识

一、了解初、中、高级柔版制版工的技能要求

实际操作之前，应该向学员讲清操作的程序要领、规范动作，要强调可能发生的问题和危险，避免造成人员的伤害和设备的损失。

培训过程中，指导教师要根据《国家职业技能标准柔版制版工》要求和相关内容，结合本培训教材中规定的各项操作要求制订培训计划。因此，要充分了解职业技能标准中高级以下技工的技能要求，并准备培训中实际操作的设备和材料，做好操作的演示和指导。

二、操作培训步骤

操作培训在技术培训中是最重要的环节，所以在操作培训过程中要讲解与操作技能相关的知识，以便更好地完成培训工作。

操作技能的形成，是通过练习而逐步掌握的过程。通常可分为三个步骤，即认知、模仿和熟练。

1. 认知

认知的目的是使学习者对所学的操作技能有一个初步认识，其主要任务是按技能操作

的基本要求，形成定向的操作印象。

2．模仿

模仿是一种特殊的学习形式，它是仿效示范者的操作方式或行为，再现示范者的操作或行为。模仿是以前一个阶段所形成的操作印象为必要的前提，在操作印象的指引和调节下进行的。

3．熟练

熟练是在前两个步骤的基础上，通过严格的练习，使操作者的技能达到的规范、娴熟，具有高度的适应性。特别强调的是：这种练习是一种有目的、有步骤、有指导的教学互动活动。

三、编写操作培训提纲

操作培训提纲的编写原则上要按照培训步骤的要求来写，也就是说，培训提纲中要贯穿认知、模仿、熟练三方面的内容，当然，有时要根据具体问题来确定。操作培训提纲通常按下列步骤编写。

培训课题。指印刷整体培训中某一专题、某一单元或某一机型的操作培训。

培训目的。明确本次培训是为了发展员工何种具体的职业能力。

培养目标。通过某一专题、某一单元或某一机型的操作培训所要达到的效果。

培训对象。指接受培训的学员的基本状况。

培训时间与培训地点。指整个培训所需要的课时和培训具体地点。

培训机型。确定整个培训过程中使用的机型。

操作内容和进度。操作内容是培训提纲的核心。要详细讲述操作技能的相关知识以及操作过程的重点、难点。文字要求精练、简洁，主题鲜明。另外，给予受训者足够的模仿时间，使受训者的操作达到规范、娴熟。真正意义上去享受工作，把工作当成快乐的事情去做，这样就达到操作培训的目的。有时候，原计划要进行某一种专题培训，但由于生产安排不了或者生产内容正好不是这次专门培训的内容，遇到这种情况可以把培训计划分段进行。

（一）理论培训

根据国家职业标准要求，作为一名技师不仅要能够指导现场操作，还要能编写讲义，进行技术理论培训。本章节通过介绍理论培训的方法，使技师能够正确掌握培训初、中、高级印刷技术工的理论培训方法，使自己成为既具有实际操作技能又能对印刷员工进行理论培训的高级人才。技师要想在培训工作上取得显著成效，不仅在技术上要有独到之处，还需要有深厚的理论功底，在培训过程中要结合自身的工作经验，有理论、有实践地向参加培训的人员传授相关的知识。作为技师承担理论知识培训并不是一件轻松的事情，平时必须要学习、掌握扎实的专业理论知识和相关技能，广泛阅读各种书籍、杂志，关注本行业的发展方向，特别是印刷新技术、新设备方面的资讯。平时要注重理论知识的积累、提炼，做好工作日志，把平时碰到的问题、方法、技巧等记录下来，定期进行整理总结经验。另外还要注重语言能力的训练，多看一些名师、名家的培训讲座视频，从中学习培训课堂上的语言艺术，力求在课堂上能把自己想要表达的信息准确地传达给学员。围绕理论培训这个教学项目，本章节设置了理论培训讲义编写和理论培训方法两个部分。技师通过对培训讲义编写方法和理论培训教学方法的学习，应达到会编写理论培训讲义、能进行理论培训的目标。

1．理论培训的方法

理论培训是培训师通过各种途径将自身拥有的理论知识、工作经验按照事先拟定的方式、方法向受训人员讲解、传达，以及受训人员学习、吸收的一个互动过程。理论培训的方法主要有以下几种：

（1）讲座法　属于传统模式的培训方式，指培训师通过语言表达，系统地向受训者传授知识，要求受训者记住其中的重要观念与特定知识的一种培训方式。

要求：培训师具有丰富的知识和经验，讲授过程要有系统性，思路要清晰，重点、难点突出，在备课时需要保留适当的时间与学员进行沟通，用问答方式获取学员对讲授内容的反馈。

优点：运用方便，可以同时对许多人进行培训，经济高效；有利于学员系统地接受新知识；容易掌握和控制学习的进度；有利于加深理解难度大的内容。

缺点：这种方式属单向性的信息传递，缺乏教师和学员间必要的交流和反馈，学过的知识不易被巩固，故常被运用于一些理念性知识的培训。

（2）研讨法　研讨法是指受训人员在培训引导下，组成课题小组，针对既定的一个或多个议题进行交流，相互启发的培训方法。

要求：培训师准备的议题应具有代表性、启发性，难度要适合培训目标。

优点：该培训方式适应性强，可针对不同的培训目的选择适当的方法。是一种多向式信息交流，可以让受训人员积极地参与其中，有利于学员理解相关知识，并能有效提高学员的综合能力。

缺点：对研讨题目、内容的准备要求较高。

（3）案例分析法　案例分析法是一种信息双向性交流的培训方式，它将知识传授和能力提高两者融合到一起，是一种非常有特色的培训方法。是围绕一定的培训目的，把实际中真实的场景加以典型化处理，形成供学员思考分析和决断的案例，通过独立研究和相互讨论的方式，提高学员分析及解决问题的能力。

优点：参与性强，变学员被动接受为主动参与；将学员解决问题能力的提高融入知识传授中；教学方式生动具体，直观易学；学员之间能够通过案例分析达到交流的目的。

缺点：案例准备的时间较长且要求高；案例法需要较多的培训时间，同时对学员能力有一定的要求，不适合对初、中级工的培训。

（4）网上培训　又称基于网络的培训，通过企业的内部网或因特网对学员进行培训的方式。它是将现代网络技术应用于人力资源开发领域而创造出来的培训方法，它以较高的优越性受到越来越多企业的青睐。在网上培训中，老师将培训课程储存在培训网站上，分散在世界各地的学员利用网络浏览器进入该网站接受培训。

网上培训的优点：学员不必从各地聚集到一起，大大节省了培训费用；在网上培训方式下，网络上的内容易及时更新，且更新培训内容时，无须重新准备教材或其他教学工具，可及时、低成本地更新培训内容；网上培训可充分利用网络上大量的声音、图片和影音文件等资源，增强课堂教学的趣味性，从而提高学员的学习效率；网上培训的进程安排比较灵活，学员可以充分利用空闲时间进行，而不用中断工作。

网上培训的缺点：网上培训要求企业建立良好的网络培训系统，这需要大量的培训资金，中小企业由于受资金限制，往往无法花费资金购买相关培训设备和技术。

2. 编写培训讲义

课时授课计划即教学方案，简称教案。教案是培训老师向学员授课的主要依据，是培训老师执行国家规定的教学大纲的具体体现。认真编写教案，可保证有计划、有目的、系统地向学员传授知识和保证教学质量。作为职业技能培训的理论教案，我们一般称之为理论培训讲义。任何一个培训都离不开讲义，理论培训讲义的编写是完成理论培训的保证。

培训讲义的编写，是根据本专业培训计划的要求，经过对培训教材内容的仔细钻研后，结合教材和学科的特点，再从培训学员的实际情况出发，是为达到理想的培训效果而完成的教学准备工作。

（1）编写理论培训讲义的目的　编写理论培训讲义可以促使技师在培训前更充分地准备，培训时更有计划地进行教学。技师可以将讲课步骤先想好，考虑如何联系旧课，引入新课；如何由浅入深，层层深入；采取何种方法，举出哪些例子，运用哪些教具，提出哪些问题，从而把整个培训组织成为一个生动活泼的有机整体，把培训演奏成为有节奏有旋律的乐章。同时编写理论培训讲义既可以使培训教学有案可循，又可以使课后总结有据可查。

（2）编写讲义的一般方法　理论培训讲义的编写一般按照国家职业技能要求的理论知识点选择合适的题目，按照以下步骤完成讲义的编写。

① 领会国家职业标准和本专业培训计划要求。国家职业标准和本专业培训计划是理论培训的重要依据，技师必须认真阅读、仔细分析，了解本专业理论知识的教学体系和内容。弄清职业标准中每个课题的教学目的，明确每个课题在知识培养、能力培养上的基本要求，找出内在联系，并结合实习教学实际，很好地把教学经验、生产实践的体会，贯穿和融会到讲义中去，这样编写的讲义才能贴合实际、符合要求。

② 研习教材、阅读参考资料。充分备课是基础，技师要根据国家职业标准中相关理论知识要求的条款选择正确的教材，在培训前应充分理解、掌握教材的知识点，并通过大量阅读参考资料掌握新知识、新工艺、新技术作为课堂后备知识，只有这样才能充分结合培训条件、学员的实际情况合理地确定教学方法并反映到讲义中去，才能符合培训的需要。

③ 编写培训提纲。培训提纲的编写可以从以下几个方面着手：

a. 确定培训目的和培训要求。在课前确定通过这堂课要使学员掌握什么知识和技能，养成什么素养和品质，学会什么方法，达到什么标准等内容。理论培训的教学目的和要求的确定，应按照国家职业技能标准相关的要求制定。

b. 确定教学重点和教学难点。理论培训教学范围广、涉及知识面宽，因此，在教学中确定重点和难点就显得尤为重要，适当重点和难点的确定是教学质量的保证。而重点和难点的确定，应以教学目的和教学要求为依据，结合培训对象的具体情况来确定。

c. 确定教学内容安排和教学时间安排。技师讲授的内容必须是科学的、正确的，内容的安排必须符合认知规律。教学时间安排应与教学大纲要求和教学内容要求一致，并且符合认知规律。

d．确定教学方法。技师应根据培训教学任务、内容和学员的特点选择最佳的方法进行培训，合理的教学方法是保证教学效果的重要环节。常用理论指导的教学方法有很多种，但在使用中没有定法。技师应通过锻炼，逐渐达到善于选择方法，合理运用方法，力求使培训取得最好的效果。

④ 设计讲义具体内容。理论培训讲义的内容一般包括：课题名称、章节课题、组织教学、复习导入、讲授新课、作业巩固及课题结束小结。此外，还有板书设计、教具准备及时间安排等。具体设计的内容有以下几方面：

a．复习导入时以何种形式进行旧课复习，提问、复习的内容如何与新课的导入结合，怎样体现新课与旧课的联系，这些都需要我们仔细考虑。理论培训一般可以从以下三种方法引导学生：

Ⅰ．从总结旧课入手，导入新课。教师在提出要讲授的新课题之后，首先对上一节所讲的内容，概括地小结一下，扼要地复述出旧知识之后，进而提出与此有关的新知识，讲课时使学生把新旧知识连贯起来思索，这样既起到承上启下的作用，又起到巩固旧知识的作用。

Ⅱ．从检查、点评作业入手，导入新课。教师在讲课之前，先面向全班学生，提出几个前课作业的问题，引起全班同学回忆和思考，再找几个同学的作业予以点评，然后教师给以订正和补充，这样全班学生复习了旧课，也为导入新课创造了条件。

Ⅲ．向学生提示问题，引导回忆旧课，导入新课。教师在讲新课前，提示学生，回想前课所讲的几个问题，学生经过回忆思索，在头脑中再现教师提问的内容，教师即可讲授新课，使新旧知识联系起来。如在进行油墨附着力理论培训时，可以通过设计油墨类型、印刷基材分类等几个问题作为复习导入，既为新课做了准备，又强调了旧课的重点。

b．本次课的教学内容是什么，主要解决哪些问题，达到什么目的和要求。

c．本次课的讲课步骤是什么，怎样引出课题，如何展开、深入，如何总结和巩固。

d．根据授课的内容如何选择教学方法，如何解决课题连贯性和教学一致性问题，使讲授内容深刻系统，时间如何分配。

e．采样何种形式突出重点、突破难点，如何安排试验、演示，怎样联系实际，如何培养学员分析问题、解决问题的能力。

f．板书、板画的内容设计，以及如何给出，是否需要教具、挂图、多媒体设备等。

g．学员的教学活动有哪些，如何合理设定提问、讨论环节，提哪些问题。在这种理论培训中，学员和教师都可以说是教学的主体，教学效果往往是最好的，提问、讨论环节也是随着学员自主练习产生的，更加自然、有效。

h．布置什么类型作业，作业的内容如何达到巩固教学知识和引入预习的目的，作业的评阅形式等。

（3）编写讲义的注意事项

① 认知规律应遵守。编写的讲义要符合理论培训的特点和规律。理论培训的主要任务是为培养学员熟练掌握操作技能、技巧打基础的，一些原理、公式及计算需要预备技师直接传授给学员。这些过程在讲义中都要体现出来，而且还要体现由易到难、由简到繁和循序渐

进的基本过程和基本规律，并注重理论联系实际，既符合认知规律，又为操作技能的培养打下基础。

②注重内容创新性。编写讲义时，讲义内容不能照教材抄写，也不能仅限于教材内容，要注意吸收和补充新技术、新工艺、新方法、新设备知识，要不断充实新的教学内容。

③突出内容规范性。编写讲义应遵循统一教学目的、统一教学方法、统一讲授内容标准、统一格式。培训讲义的书写内容，其中教学环节是中心部分，要反映出教学内容及整个教学过程的各个环节（包括组织教学、作业讲评、复习旧课、引入新课、讲解新课、巩固新课和课后小结等）及时间分配，要求用词简练、逻辑性强。

第五篇

柔性版制版

（高级技师）

第一章

工艺控制

本章 提示	掌握工艺流程控制；掌握设备的调试与验收。

第一节　工艺流程控制

学习 目标	能制定柔性版印刷数据化、标准化的工艺流程；能推广应用新工艺、新材料、新技术、新设备，提高印品质量和生产效率；能组织技术攻关和新产品开发。

相关
知识

一、柔性版印刷机的特性及原辅材料的性能

1．柔性版印刷机的组成

柔性版印刷机是指使用柔性版，通过网纹辊传递油墨完成印刷过程的机器，大多使用卷筒式承印材料，采用轮转式印刷方式。柔性版印刷机由给料放卷、印刷部分、干燥冷却、收料复卷与加工、控制系统等部分组成。

（1）给料放卷部　给料放卷部即柔性版印刷机的放卷部分，其作用是使卷筒纸开卷、平整地进入印刷机组。当印刷机减慢或停机时，其张力足以消除纸上的皱纹并防止卷筒纸拖到地面上。开卷装置一般包括：①纸卷安装支架，一般有多个；②纸架旋转架，使上卷更容易；③自动纠偏控制，可保持纸带正确的轴向和径向位置；④自动张力控制装置，由传感器控制；⑤开卷驱动装置；⑥自动（等速）接纸装置。

（2）印刷部　印刷部分是柔性版印刷机的核心部分，作用是提供必需的印刷压力，确保油墨正确转移，确保套印准确。每个印刷机组均有输墨系统（墨斗、墨斗辊、刮墨刀、网纹辊）、印版滚筒和压印滚筒组成，有的柔版印刷还配有油墨黏度自动控制等辅助设备。

（3）干燥冷却　为了避免未干油墨产生的脏版和多色印刷时出现的混色现象，在各印

刷机组之间和印后设有干燥装置，以干燥所有的墨色。根据干燥方式的不同，干燥装置主要分为以下几种：①直接火焰干燥装置；②蒸汽烘干干燥装置；③冷、热风干燥装置；④红外干燥装置；⑤紫外干燥装置。

柔印机印刷速度和干燥加热温度都很高，必须安装冷却辊或其他冷却装置对承印材料（料卷）降温，以免料卷（特别是PVC塑料薄膜、薄纸等）在加热烘干过程中产生热缩、翘曲或膨胀等不良现象。

（4）收料复卷及加工部分　柔性版印刷机的收卷部分，其作用和开卷部分相似。现代柔性版印刷机可以根据产品需要配备连线复合、上光、烫印、压凸、贴磁条、模切、打孔、分切等印后加工装置。

（5）控制系统　现代柔性版印刷机上，除以上基本结构和印后加工装置外，还有张力控制与横向纠偏装置、检测装置、自动调节和自动控制系统。

2. 柔性版印刷机的分类

柔性版印刷机的分类还没有统一的界定。一般而言，柔性版印刷机的分类方法主要有两种：按承印材料的幅面宽度分类和按印刷机组的排列形式分类。

按印刷幅面的宽度，柔性版印刷机可以分为窄幅和宽幅柔性版印刷机，一般国际上以600mm为界，小于600mm的称为窄幅柔性版印刷机，而大于600mm的称为宽幅柔性版印刷机。

根据印刷机组的排列形式，又可将柔性版印刷机分为机组式、卫星式和层叠式三大类。

（1）机组式柔性版印刷机　各色印刷机组互相独立且呈水平排列，并通过一根共用的动力轴驱动印刷单元，成为机组式柔性版印刷机。这是现代柔性版印刷机的标准机型。

机组式柔性版印刷机的特点：

① 可进行单色、多色印刷。通过变换承印物的传送路线可实现双面印刷。

② 承印材料可以是单张的纸张、纸板、瓦楞纸等硬质材料，也可以是卷筒式的如不干胶纸及报纸等材料。

③ 机组式柔印机有很强的印后加工能力。印刷单元和加工功能可根据用户的需要灵活配置，适合各种材料的长版、短版活印刷和加工。排列式的柔印机组可便于安装辅助设备，印刷后可以进行辅助性联合加工，如上光、模切等。便于操作与维修，具有良好的使用性能。

④ 机组工位多，一机多用，对批量少、交货期急、需用工位多的特殊印刷品，采用此类设备具有优越性，适宜短版活印刷。

近年来，国内引进和研制生产了很多窄幅机组式柔性版印刷设备，主要用于商标、标签、折叠纸盒、烟包、酒贴、药盒、保健品盒、化妆品包装、纸袋、礼品包装纸、不干胶纸等的印刷。印刷工艺有多色印刷、上光、覆膜、模切、压痕、排废以及和丝网印刷工艺相配套。

目前，机组式柔性版印刷机是柔性版印刷的主流。

（2）卫星式柔性版印刷机　在大的共用压印滚筒的周围设置多色印版滚筒的柔性版印刷机，称为卫星式柔性版印刷机。因其是由齿轮直接传动，所以不论是纸张或薄膜，即使没有加装特别的控制装置，仍然可以套印得很准确，而且印刷工艺稳定，常用来印刷彩色产品。有人曾预言，卫星式柔印机是二十一世纪柔印的新主流。

卫星式柔印机的主要优点：

① 承印物在压印滚筒上通过一次可完成多色印刷。

② 印刷品套印精度高。卫星式柔印机套印精度可达 ±0.05mm。因为卷筒式承印材料由中心压印滚筒支撑，使承印材料紧紧地附着在压印滚筒上。由于摩擦力的作用，可克服承印材料的伸长松弛变形，使承印材料与压印滚筒之间没有相对的滑动，保证了套印精度。另外，由于中心压印滚筒的直径大，一般在1250mm以上，最大直径可达2700mm，印刷时，与印版滚筒接触的区域，可视为一个平面，从印刷工艺上来说，圆压平的印刷质量是最佳的。

③ 承印材料广泛。适用的纸张克重在 $28 \sim 700 \mathrm{g/m}^2$。适用的塑料薄膜品种有BOPP、OPP、PP、HDPE、LDPE、可溶性的PE膜、尼龙、PET、PVC、铝箔、织带等。这种机型特别适用于印刷产品图案固定、批量大、精度要求较高的伸缩性较大的承印材料，适合长版活，尤其是塑料薄膜的印刷。

④ 印刷调节时间短，印刷材料损耗电少。宽幅卫星式柔印机，色间干燥间距一般在 $550 \sim 900 \mathrm{mm}$，比窄幅柔印机色间干燥距离小得多，所以，在调整印刷套印时耗费原材料也就少。

⑤ 印刷速度快，产量高，卫星式柔印机的印刷速度，一般可达250~4001n/min。

卫星式柔印机的主要缺点：

① 承印材料经过一次印刷机，只能完成单面印刷，因此，卫星式柔印机上一般采用薄膜材料，印刷后经纵向热封密合，制成两面均有图案的包装袋。

② 各印刷单元之间距离太短，油墨干燥不良时容易蹭脏。近年来研制的UV柔印油墨，印刷后经紫外线照射可实现瞬间干燥，基本解决了蹭脏问题。

（3）层叠式柔性版印刷机　各色印刷机组采用上、中、下配置的印刷机，成为层叠式柔性版印刷机。层叠式柔印机可以印刷1~8色，但是通常为6色。

层叠式柔印机的特点：

① 可进行多色单面印刷，也可通过变换承印物的传送路线实现双面印刷，提高了使用范围。

② 印刷部件有良好的可接近性，便于调整、更换和清洗，便于操作，具有良好的使用性能。

③ 可与裁切机、纸袋机、上光机等联机使用，以实现多工序加工。

④ 可以进行360套准，各色印刷单元可以单独啮合或松开，以便其他印刷单元继续印刷。

⑤ 适用范围广，可以印刷各种承印物。

由于层叠式柔印机各机组之间的距离较大、故套准精度受到限制，一般为 ±0.8mm，多色印刷时套印精度不高，只能用于一般印刷品的印刷。

3. 原辅材料的性能

柔性版印刷的承印物种类十分广泛，主要包括纸和纸板、瓦楞纸板、薄膜、不干胶、金属箔等，几乎没有什么材料不可以用柔性版印刷的方式来印刷。具体的选择取决于材料的最终用途，本章主要介绍各类承印物的特征。

（1）纸张及纸板

① 纸张和纸板的分类

纸和纸板是人们日常生活中和工业生产中不可缺少的材料，特别是在包装工业中占有重要的地位。纸、纸板及其制品约占整个包装材料的40%以上，发达国家甚至达到50%。这是由于纸包装具有许多独特的优点，如来源广、生产成本低、加工储运方便、易于回收及复合加工性能好等优点。

纸和纸板的区别没有统一的规定，一般是按定量与厚度来区分的。按照国家标准，将定量小于225g/m²、厚度小于0.1mm的称为纸；定量大于225g/m²、厚度大于0.1mm的称为纸板。

② 纸张和纸板的性能

物理性能指标：

a. 定量。定量是纸张和纸板最基本的一项指标，是纸和纸板每平方米的质量，又称克重，单位为g/m²。它是对纸张各种技术指标进行评价的基本条件，纸和纸板的物理性能都与定量有关。定量还可以表示纸张薄厚，一般来说，纸张定量越高，纸也就越厚。

b. 厚度。厚度是指纸和纸板的厚薄程度，通常取纸张在两侧压板间规定压力（100±10）kPa下直接测量得到的两表面间的距离，单位用mm或μm表示。厚度是影响纸和纸板技术性能的一项关键指标，一般要求每批纸或纸板的厚度均匀一致。厚度不匀的纸张将会给印刷及书刊的装订带来问题。由于印版滚筒或橡皮滚筒与压印滚筒的中心距在某种程度上是相对固定的，那么如果纸张的厚薄不匀，就会使得印刷压力发生变化，从而使油墨的转移情况发生改变，影响印刷品的质量。

c. 紧度。紧度又称表观密度，表示纸张结构的松紧程度，是指纸和纸板单位体积的质量，通常用g/m³表示。在同一定量下，紧度大的纸张厚度小，纸质结构紧密；反之，紧度小的纸张厚度大，结构疏松。一般普通纸和纸板的紧度在1g/m³以下，涂料纸的紧度在1/m³以上。

d. 平滑度。平滑度是评价纸和纸板表面凹凸程度特征的一个指标，它是指纸张表面的微观几何形状不平的程度，也是纸张粗糙度的表示方法。通常以一定真空度下，一定容积的空气通过受一定压力的试样表面与光滑玻璃面之间的空隙所需要的时间表示，单位为s。纸张表面越粗糙，空气通过时受到的阻力越小，所需要的时间越短；反之，纸张表面越平滑，所需通过的时间越长。

e. 施胶度。施胶度是衡量纸张抗水能力的一个指标，一般采用墨水画线法，即用标准墨水于2~3s内在纸面上划出由粗到细的线条，以墨水条不扩散、不渗透时的宽度来表示，单位为mm。施胶度对纸袋纸、牛皮纸、白纸板等包装材料是一个重要的测试项目。

机械强度性能指标：

a. 耐折度。纸和纸板在一定张力下所能经受180°往复折叠的次数称为耐折度，用次表示，说明了纸和纸板在一定张力下耐揉折的能力，可以直接反映材料制成包装后的使用性能。

b. 耐破度。耐破度是指纸和纸板在一定面积上所能承受的均匀增大的最大压力，单位为帕斯卡，以Pa表示。耐破度是由纸张纤维的强度、平均长度和纤维间的结合力所决定的，其受到纸张纵、横两个方向强度之差的影响，并与空气相对湿度或纸张含水量有关。

c. 撕裂度。撕裂度是指预先切口的纸和纸板至一定长度时所做的功，由于撕裂长度是固定的，为（43±0.5）mm，因此一般用力表示撕裂度的大小，单位为牛顿，以N表示。在印刷中，纸张容易受到一定的剪切力作用，在使用过程中也可能受到人为的撕裂作用，因此需要对纸张的撕裂度有一定的要求。

光学性质指标：

a. 白度。白度指纸张受光照后对可见光波全面反射的能力，表明了对入射白光中红、绿、蓝三种色光成分反射的程度。其全反射的能力越强，纸张的白度越高。一般情况下，纸张能反射各种波长色光的75%以上便称为白纸。白度高的纸张可增强纸张与油墨的对比度，有助于提高印刷品的色彩鲜艳程度。

b. 不透明度。不透明度是衡量纸张阻碍光线透过能力的一个指标，是单张试样在"全吸收"的黑色衬垫上的反射能力R_0与完全不透明试样的反射能力$R\infty$之比，以百分数（%）表示。

c. 光泽度。纸张的光泽度反映了纸或纸板反射特定入射角光量的能力。在完全平滑的表面可使75°角入射光全部按75°角反射出来，得到的光泽度值为100%，这种反射称为镜面反射。由于纸张表面凹凸不平，除了镜面反射外还存在着漫反射，会降低纸张的光泽度。

化学性质指标：

a. 水分。水分是纸张中的含水量。纸和纸板在100~105℃下烘干至恒重时所减少的质量与试样原质量之比称为水分，以百分比（%）表示。

纸张是由很容易吸收或丧失水分的纤维素纤维制成的，在印刷之前对纸张进行调湿是很重要的，因为纸张会吸收环境中的水分。含水量较高的纸张吸墨量较大，在印刷时需要花费更多的时间去调节才能实现精确套准。水分过多会使得纸张产生条纹和波浪边现象，为进一步加工带来了困难，如图5-1-1所示。

b. 酸碱度。酸碱度用pH表示。纸张的主要成分是植物纤维，一般呈中性，但由于制浆和造纸过程中的化学处理或在纸张中使用了酸性或碱性的辅助料，成纸后使纸张略呈酸性或碱性。通常涂料纸的pH均大于7，在大多情况下为8~9，其他印刷用纸的pH在5.5~7，呈弱酸性或中性。

③ 常用纸板的种类及印刷适性

a. 白纸板。白纸板是一种挺度较高的纸板，其主要用途是经彩色印刷后制成纸盒，供商品包装用，起着保护商品、装潢商品、美化商品和宣传商品的作用。

白纸板有单面和双面白纸板之分，无论是哪种白纸板均由面层、衬层（第一层）、芯层（第三层）和底层组成。

i 面层。应具备为现代印刷技术提供高质量的印刷表面和一定的表面强度。面层浆

图5-1-1 水分过多

料一般采用漂白木浆，在生产普通白纸板时，也有用白色废纸或漂白草浆作面浆。白纸板面层涂上一层涂料后（经过涂布加工后），可以提高白纸板的白度和平滑度，质地挺括，印刷墨层均匀，吸墨性适中，叠色光亮，印刷效果好，电化铝烫印方便，符合中、高档包装印刷的质量要求。

ⅱ 衬层。起着隔离层的作用，保证面层的白度和表面平整。

ⅲ 芯层。主要起填充作用，增加白纸板的厚度，从而提高白纸板的挺度。

ⅳ 底层。具有改善白纸板外观，提高强度，防止卷曲的功能。

白纸板的纤维组织均匀，面层浆料中有填料和胶料，表面又涂布一层涂料，经过多辊压光加工，使纸板的质地紧密，表面光洁、均匀。白纸板的平滑度好，白面的吸墨性比较均匀，纸质的韧性好，耐折度也较高。白纸板的含水量较高，吊晾困难，给印刷品的套印精度带来困难。单面白纸板要防止纸张卷曲，否则影响输纸。白纸板的质量标准参见表5-1-1。

表5-1-1　白纸板质量指标

指标名称	规定指标
定量/（g/m²）	220，240，250，280，300，350，400，允许误差+5%，-3%
规格/mm	787×1092，787×787，1092×1092
紧度/（g/m³）	≥0.85
施胶度/mm	≥0.5
平滑度（正面）/s	≥0.25
含水量/%	>7，允许误差+2%，-3%
尘埃度/（个/m²）	0.5~2.0mm不多于100 大于2.0mm不许有

b. 复合纸。复合纸常用于烟包的包装中，一般镀铝层（全息模压）有两种：一种是铝箔复合纸（铝箔与卡涂纸复合）；另一种是亮光膜（镭射膜）复合纸（亮光膜、镭射膜与玻璃卡纸复合）。

在镭射卡纸上进行印刷时，为提高油墨的附着力，多采用UV油墨。在印刷中应注意以下几个问题。

ⅰ 镭射膜在生产过程中，由于静电原因，不可避免地会出现黑点、脏点，为掩盖这些缺陷，同时还要体现出镭射效果，在设计烟包印刷工艺时，通常需要加20%~40%的白网。

ⅱ 镭射膜有12μm的PET膜和23μm的BOPP膜两种，为保证成型效果和包烟速度，通常使用12μm的PET膜。

ⅲ 为提高烟包的光泽度，常使用镀铝层朝外的镭射卡纸，即PET和纸张复合的镭射卡纸，但镀铝层朝外时容易被划伤，这一点在印刷时务必注意。

ⅳ 模切时，为防止出现毛边，可采用横纹高峰刀。由于PET膜与纸张复合不牢，在模切时常出现脱层现象。因此，在正式生产前，进行小批量的上包烟机进行试包。为保证黏胶效果，糊口处黏胶齿线的高度应为23.7mm，同时要增加黏胶齿线的密度。

（2）瓦楞纸板　在瓦楞机压制的瓦楞芯纸上黏合面纸而制成的高强度纸板，称为瓦楞纸板。瓦楞纸板是包装上应用最广的一种纸板，可用来代替木板和金属板。用它制作的纸箱和纸盒包装商品，在运输、储存方面与传统的木箱、金属桶比较，表现出许多优越性，因此被越来越广泛地应用。目前在纸制品包装发达国家，瓦楞纸板的比重几乎占整个包装材料的1/4～1/3。

① 瓦楞纸板的组成和结构。瓦楞纸板由瓦楞原纸和箱板纸组成。瓦楞原纸又称瓦楞芯纸，由牛皮纸浆、半化学浆、草浆和废纸浆等构成。典型的瓦楞纸板至少由两层箱板纸（面纸和里纸）和一层瓦楞芯纸经黏合剂粘接而成。瓦楞芯纸的定量在$112～200g/m^2$，分为A、B、C、D四个等级，其中A级瓦楞芯纸的质量最好，属于高强度瓦楞芯纸；B级瓦楞芯纸为普通瓦楞芯纸；C、D两级将被淘汰。瓦楞芯纸的规格大多为卷筒纸型，少数为单张纸型。

瓦楞芯纸的作用，一是使纸板结构中60%～70%的体积是空的，与相同定量的层合纸板相比，瓦楞纸板的厚度要大两倍；二是增强了纸幅横向的耐压强度，使瓦楞纸箱具有减震的缓冲作用。所以，瓦楞纸箱能以最小的成本起到对商品的保护、储存和广告作用。

箱板纸是瓦楞纸箱的面层纸板，要求强度高、韧性好，由硫酸盐纸浆制作而成。按纸箱的质量和使用要求不同，箱纸板分为A、B、C、D、E五个等级，其中A、B、C等为面纸板，D、E等为普通纸板。A等箱板纸适用于制造精细、贵重和冷藏物品包装用的大型瓦楞纸箱；B等箱纸板适用于制作出口（长途运输）物品包装用的瓦楞纸箱；C等箱纸板适用于制作较大物品包装用的瓦楞纸箱；D等箱板纸适用于制作一般物品包装用的瓦楞纸箱；E等箱纸板适用于制作轻载商品包装用的瓦楞纸箱。

箱纸板的定量为$200～530g/m^2$，规格分为平张纸和卷筒纸两种。

② 瓦楞纸板的种类。瓦楞波纹宛如一个个连接的小型拱门，既坚固又富有弹性，能承受一定重量的压力。瓦楞波纹的形状是否适当，直接关系到瓦楞纸板的抗压强度。

a. 瓦楞的齿形分类。根据瓦楞的齿形，即从瓦楞纸板横截面看到的波形，瓦楞纸板可分为U形、V形和UV形三种，如图5-1-2所示。

U形瓦楞楞峰圆弧半径较大，富有弹性，黏合好，但纸与黏合剂用量大，平压强度低，只能在弹性限度内有恢复能力，施加过重的压力不能恢复原状。

V形瓦楞挺力好，还原能力差。由于V形瓦楞的波峰半径较小且尖，楞顶面与面纸板黏结面窄，因而黏合剂用量少，黏结能力差，芯纸的波纹顶面容易压溃破裂，瓦楞辊磨损快，但成本低。

UV形瓦楞的齿形弧度较U形瓦楞小，较V形瓦楞大，从而综合了前两者的优点。它的耐压强度高、承载能力强并且刚性及防震、弹性好，所以这种瓦楞形状得到广泛的应用。

b. 瓦楞型式的分类。根据瓦楞型式即

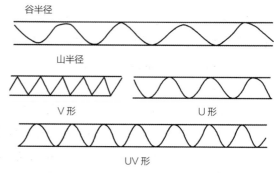

图5-1-2　瓦楞形状

瓦楞的高度、单位长度、瓦楞个数分类，是国际上一种比较通行的方法。瓦楞纸板主要有四种不同的瓦楞型式：大瓦楞A型，小瓦楞B型，中瓦楞C型，微小瓦楞E型。各种型式的瓦楞尺寸见表5-1-2所列。

表5-1-2　四种瓦楞型式

瓦楞型式	瓦楞高度 /mm	瓦楞宽度 /mm	楞数 /300mm
A	4.5~5.0	8.0~9.5	34±2
B	2.5~3.0	5.5~6.5	50±2
C	3.5~4.0	6.8~7.9	38±2
E	1.1~2.0	3.0~3.5	96±2

A、B、C型瓦楞纸板用于外包装；B、E型瓦楞纸板用于内包装；E型瓦楞纸板用于小包装。E型瓦楞纸板因为单位长度内瓦楞个数较多，具有薄而坚硬的特点，制成的瓦楞纸盒切口美观，表面光滑，可进行较复杂的表面装潢印刷。生产多层瓦楞纸板时，为了取得各向耐压性能平衡，更好地保护商品，一般采用AB、CB、BE及ACB、BAA等楞型组合，互为补充，更好地发挥其物理性能。

国外还使用一种特大形瓦楞，称为K型瓦楞，楞高7mm，具有良好的缓冲和耐冲击、耐捆扎性能，适合于制作箱衬隔板。

c. 瓦楞纸板的结构。瓦楞纸板制作纸箱、纸盒或用途不同时，采用的层数是不一样的，瓦楞纸板按其材料的层数分为以下几种，如图5-1-3所示。

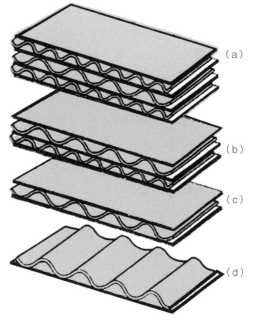

图5-1-3　瓦楞纸板
（a）三芯双面（七层）瓦楞纸板（b）双芯双面（五层）瓦楞纸板（c）单芯双面（三层）瓦楞纸板（d）单芯双层瓦楞纸板

单芯双层瓦楞纸板是在瓦楞芯纸的一侧贴有面纸，一般不直接用来制作瓦楞纸箱，而是卷成筒状或切成一定的尺寸，作为缓冲材料和固定材料来使用，如用做玻璃、陶瓷电阻、灯管、灯泡的缓冲保护性包装。

单芯双面（三层）瓦楞纸板是在瓦楞芯纸的两侧贴以面纸而制成，适合于内箱、展销包装和一般运输包装，是目前世界上制作纸箱使用最多的材料。

双芯双面（五层）瓦楞纸板是使用两层瓦楞芯纸加面纸制成的。多用于易损物品、沉重物品，以及要长期保存的物品的包装，其特点是强度高，能承担重物的各向作用力。

三芯双面（七层）瓦楞纸板是使用三层瓦楞芯纸制成的。多用于包装重大物品，以取代过去的木箱包装。

③ 瓦楞纸板的性能与使用。用于印刷的瓦楞纸板表面应平整、整洁，无缺口、薄边，切边整齐，黏合牢固，脱胶部分之和不大于$20cm^2/m^2$。

a. 瓦楞纸板的技术指标

i 定量。瓦楞纸板的定量，也指每平方米的质量，其单位为g/m^2。

ii 耐破强度。耐破强度是衡量瓦楞纸板质量的重要指标，反映瓦楞纸板的抗拉伸和抗开裂的能力。将瓦楞纸板的试样夹在两块环形金属压板之间，隔着胶膜对面板施加压力，试样破裂时单位面积上的压力就是瓦楞纸板的耐破强度，单位为kPa。

iii 戳穿强度。商品包装纸箱在装卸和运输过程中难免发生碰撞，纸板的戳穿强度可以反映瓦楞纸板抗拒外力破坏的能力，是指用一定形状的角锥穿过纸板所需要的功，即包括开始穿刺以及使纸板撕裂弯折成孔所需的功，以J为单位。与耐破度表现的静态强度不同，戳穿强度所表现的是瓦楞纸板的动态强度，比较接近纸箱在运输、装卸时的实际受力情况。

iv 边压强度。瓦楞纸板的边压强度与瓦楞方向有关，纵向最高，斜向次之，横向最低，技术指标中的边压强度是指纵向强度。瓦楞方向垂直于瓦楞纸板试样的长边，用特制的附件支持试样并沿着瓦楞方向均匀施压，试样被压溃时单位长度上的压力就称为瓦楞纸板的边压强度，单位是N/m。边压强度实际上是试样单位长度上的临界压力。

b. 瓦楞纸板的使用性能

i 瓦楞纸板的一般机械加工特性瓦楞纸板在柔版印刷过程中受印刷机性能、印版与瓦楞纸板厚度变化、油墨黏度、印刷车间内温度变化的影响，印刷质量会出现明显的差别。

如果瓦楞纸板被压缩得比较厉害，使瓦楞壁的弯曲大于纸板破损极限，瓦楞纸板将不能恢复到原来的厚度，纸板将被损坏。使用薄板加垫板技术可适当减小瓦楞纸板的压缩量。

ii 瓦楞纸板的印刷适性。瓦楞纸板本身具有较高的强度，如挺度、硬度、耐压、耐破等性能都比普通纸板高。

瓦楞纸板外表面应光滑平整，适合于印刷文字和图文，同时要对油墨有良好的吸收能力。因此，瓦楞纸板的表面层应选用质量较好的纸板和白纸板，以提高瓦楞纸板的表面印刷适性。

瓦楞纸板强度受湿度影响很大，纸板含水量增加，强度就会下降。

iii 使用瓦楞纸板应考虑的因素。在使用柔性版印刷方式印刷瓦楞纸板时，应当考虑以下质量因素：印刷面值的最低定量为#38；表面整饰后的平滑度（应当经过超级压光）；应当进行适量涂布，或使用漂白亚硫酸盐纸浆；没有散纤维；瓦楞芯纸质量优良，最低定量为#24；纸板厚度符合要求；没有搓板现象；表面无粉尘；含水量符合要求。

（3）塑料薄膜　常用的软包装材料主要有纸、玻璃纸、塑料薄膜、复合薄膜、真空镀铝膜和铝箔。其中以塑料薄膜为主的软包装材料在包装印刷中占有主要地位。另外，以玻璃纸、塑料薄膜和铝箔等为基材制成的复合薄膜，克服了单层薄膜的缺点，集各层的优点于一身，满足了食品等商品对薄膜的不同要求，已成为比较理想的包装材料，应用范围非常广泛。

① 塑料薄膜的组成。塑料是由合成树脂和添加剂，在一定温度、压力、时间等条件下

塑制而成的。

a. 树脂。树脂是一种胶黏状的液体，是塑料中的主要成分。塑料中使用的合成树脂是由单体聚合或某些天然高分子化合物经改性所得到的高分子聚合物，能将塑料中的其他组分胶结成一个整体，形成所需的形状。

b. 添加剂

i 填料。填料分为有机填料和无机填料两种。常用的有机填料有棉花、纸张、木材等；常用的无机填料有碳酸钙、硅酸盐、滑石粉、石膏、石棉、云母、二氧化硅、炭黑、石墨、金属粉、玻璃纤维等。加入填料可以改变塑料的硬度、耐磨性、抗击强度、尺寸稳定性，可提高玻璃化温度、降低溶解性和结晶度，改善热性能、电性能和耐辐射性能；如加入纤维或布料填料，可提高塑料的物理强度；加入石棉填料，可提高塑料的耐热性能等。另外，加入填料还可以改善树脂的成型加工性质，降低成本等。

ii 稳定剂。稳定剂的作用是防止塑料在热、光、氧等作用下发生降解、氧化断链、交联等现象，使塑料变色、脆裂、强度下降等变质过程减缓。由于塑料的降解机理不同，选择的稳定剂也不同，如热稳定剂、光稳定剂、抗氧化剂等。

iii 润滑剂。润滑剂的作用是改进塑料熔体的流动性能，减少或避免对注塑设备的黏附，提高塑料制品表面的光洁度，有利于塑料成型后的脱模等。润滑剂按其作用可分为内润滑剂和外润滑剂两类。内润滑剂用于塑料分子间的内聚力，常用的内润滑剂有硬脂酸及其盐类、硬脂酸丁酯、硬质酰胺等。外润滑剂主要是形成一层润滑膜层、降低塑料熔体与注塑设备的黏结，常用的外润滑剂有硬脂酸、石蜡、矿物油和硅油等。

iv 固化剂。固化剂的作用是使塑料聚合物中的分子发生交联，由线型结构变成热稳定的体型结构。在塑料成型之前加入固化剂，才能形成坚固的塑料制品，通常要根据塑料制品的品种和加工条件添加固化剂。

v 抗静电剂。抗静电剂的作用是防止塑料产品在加工和使用过程中由于摩擦而产生静电。加入抗静电剂可以增加塑料表面的导电性，使塑料上的电荷迅速放电，以防止静电的积累而影响生产和安全。常用的抗静电剂有磷酸酯、聚乙二醇酯、胺的衍生物等。

② 塑料薄膜的特性。为了获得精美的塑料包装，塑料薄膜应具有保护功能、美化产品功能，这就需要塑料薄膜具有透气性高、防潮、耐热、化学性能稳定、透明光滑等特点。

a. 力学性能。塑料薄膜的力学性能是指其拉伸强度、撕裂强度、冲击强度以及刚性、耐穿刺性等。这是包装的保护功能所要求的一些基本性能。如果强度不够，塑料在运输流通过程中可能会导致商品破损、渗透、受污染、变质，从而造成经济损失。

b. 透气性和透湿性。透气性是指气体在薄膜的两侧保持恒定的压力差，经过过渡状态到稳态流动时气体的透过情况，用透气系数表示。透气系数越大，透气性越好。透湿性是透气性的一种，只是用水蒸气替换了氮气、氧气或二氧化碳。

对于食品，特别是肉类、水果等，要求塑料薄膜的透气性越小越好。因为氧气会使食品变质、腐烂，水会使商品发霉。对于化妆品，如果塑料薄膜透气性好，则不能长时间保持香味。

c. 耐热温度和耐寒性。耐热温度是指塑料在一定的负荷作用下发生变形的温度。这是关系到塑料能应用最高温度的一项参数。对制作"蒸煮袋"及在微波炉中承受加热的塑料必须具有耐热性，对于速冻食品包装必须具有耐寒性。

d. 化学稳定性。化学稳定性是指包装材料对来自包装物以及来自包装物外部环境的 H_2O、O_2、CO_2 及化学介质等腐蚀作用的耐受能力。化学稳定性不好的塑料包装材料会被腐蚀，包装作用受破坏，严重时还会污染包装物。

e. 卫生性。卫生性是指塑料薄膜本身不发生毒性物质的迁移、无毒、无臭、无异味，要完全符合卫生标准，特别是对于食品、药品等包装，塑料薄膜必须具有卫生性。

③ 常用塑料薄膜的种类及应用

a. 塑料薄膜。常用的塑料薄膜有聚乙烯（PE）、聚丙烯（PP）（又分为CPP与OPP）、聚氯乙烯（PVC）、聚苯乙烯（PS）、聚碳酸酯（PC）、聚酯（PET）、尼龙薄膜（PA）。目前用于柔性版印刷的塑料薄膜主要有PE和PP。其他类型的薄膜如PVC、PET等，由于其拉伸变形小，一般都采用凹印工艺。

PE和PP膜的印刷特点：PE和PP膜属非极性高分子化合物，对印刷油墨的黏附能力很差；吸湿性大，受周围空气的相对湿度影响，产生伸缩变形，导致套印不准；受张力伸长，薄膜在印刷过程中，在强度允许的范围内，伸长率随张力的加大而升高，给彩色印刷套印的准确性带来困难；表面光滑，无毛细孔存在。油墨层不易固着或固着不牢固。第一色印完后，容易被下一色叠印的油墨黏掉，使图文不完整。掺入添加剂制成的薄膜，在印刷过程中添加剂部分极易渗出，在薄膜表面形成一层油质层。油墨层、涂料或其他黏合剂不易在这类薄膜表面牢固地黏结；由于PE和PP膜属非吸收性材料，没有毛细孔存在，油墨不易干燥。

这些特点都不利于印刷，所以必须在印刷前对pE和PP膜进行表面处理。

b. 铝箔。铝箔的特点是质轻，具有金属光泽，遮光性好，对热和光有较高的反射能力。金属光泽和反射能力可以提高印刷色彩和亮度；隔绝性好，保护性强，不透气、不透湿，防止内装物吸潮、氧化，不易受细菌、霉菌和昆虫的侵害；形状稳定性好，不受温度变化影响；易于加工，可对铝箔进行印刷、着色、压花、表面涂布、上胶、上漆等；抗张强度低，无封缄性。容易出现针孔和起皱，故一般不单独使用，通常与纸、塑料薄膜加工成复合材料，这样既克服了无封缄性的缺点，又发挥了隔绝性好的优点。

铝箔在食品和医药等包装领域中应用很广。铝箔与塑料薄膜复合，有效地利用了耐高温蒸煮和完全遮光的特性，制成蒸煮袋，可包装烹调过的食品。多层复合薄膜也可用于饼干、点心、巧克力、奶制品等小食品包装。

c. 真空镀铝薄膜。真空镀膜的主要作用是代替铝箔复合，便软塑包装同样具有银白色的金属光泽，提高软包装膜袋的阻隔性、遮光性，降低成本。

真空镀铝的被镀基材膜是熔点比较高的聚丙烯膜（包括CPP、IPP、BOPP）、聚酯膜（PET）、尼龙膜（NY），纸在采用预处理或后调湿处理后也可直接真空镀铝，聚乙烯膜（PE）、玻璃纸（PT）可以采用间接镀铝工艺。

为了提高镀铝的牢度，国外需要在被镀基材膜上涂布底层，而国内普遍无底涂，仅在涂面进行电晕处理。

薄膜的真空镀铝方式有两种，可以在薄膜的面膜上进行反像印刷（里印），然后真空镀铝，再同底膜复合；也可以在面膜上反像印刷，再同已真空镀铝的底膜进行干式复合。后者的底膜必须是耐热性较好且可以热封的未拉伸聚丙烯膜（CPP）或吹胀聚丙烯膜（IPP）。

真空镀铝膜与铝箔相比，大大节约了用铝量，前者仅为后者的1/200～1/100，但却具有与铝箔相差不多的性能，同样具有金属的光泽和隔绝性。由于真空镀铝层的厚度比较薄，仅为0.4～0.6μm，不能用于代替需要高阻隔性的铝箔复合膜，例如抽真空包装和高温蒸煮袋。由于真空镀铝膜成本比铝箔低，在食品、商标等领域得到广泛应用。近年真空镀铝纸的出现，在香烟、冷餐纸盒、口香糖等包装方面正在逐渐取代铝箔。

d. 复合薄膜。纸、铝箔、塑料薄膜等包装材料虽然各有其优良特性，但是单一材料往往满足不了新的包装技术要求。为改善材料的性能，人们开始研制复合包装材料，将几种不同的包装材料复合在一起，既可保持单层薄膜的优良特性，又可克服各自的不足，达到互相补充，改善性能的目的。复合后具有新的特性，满足商品对薄膜的不同要求，如食品包装要求薄膜具有防潮、阻隔、耐热、耐油、耐高温、热封等优良性能，同时还要具有良好的印刷适性和装饰艺术效果。这些性能和要求是单一薄膜难以达到的。

商店琳琅满目的食品软包装，如轻便的软包装饮料、保鲜保味的快餐食品，便于储存的速冻食品等、这些均采用多层复合薄膜制成，如图5-1-4为典型的复合薄膜结构。

由纸、铝箔、聚乙烯构成的层合膜是复合薄膜的主要品种。在包装工业中常用缩写的方式表示复合的结构，例如纸/黏合剂/铝基/pE，前面是外层，写在后面的是与产品接触的内层。外层纸可提供拉伸强度以及印刷表面，铝箔提供了阻隔性能，黏合剂在这两者之间起黏合作用，内层聚乙烯使复合材料能热合。

复合薄膜的性质由构成它的单膜性质、复合顺序及复合工艺决定。

通常，复合薄膜的外层材料应当是熔点较高、耐热性好、不易划伤磨毛、光学性能优良、印刷性能好的材料。目前，外层多采用纸、玻璃纸、拉伸聚丙烯、聚酯、尼龙、聚氯乙烯、离子型聚合物以及碳酸酯等材料。

内层材料应当是热封性、黏合性、耐油、耐水、耐化学药品性能优良的材料，并且无毒、无味。常用的有未拉伸聚丙烯、聚乙烯、聚偏二氯乙烯、离子型聚合物以及软质聚氯乙烯等。中间层材料应该是阻隔型聚合物，常用的有铝箔、蒸镀铝偏二氯乙烯、聚氯乙烯、聚酰胺、玻璃纸等。

复合材料的适量刚性对防止起皱是必要的。铝箔具有很小的包装回弹性，纸是复合材料中最价廉、并可提供刚性的最好材料，如表5-1-3所示为主要复合薄膜的种类和用途。

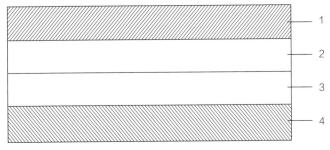

图 5-1-4　复合薄膜结构示意图
1—纸（刚度）2—黏合剂 3—铝箔（阻隔层）
4—聚乙烯（热封层）

表5-1-3　主要复合薄膜的种类和用途

包装对象	复合薄膜	用途
肉类食品包装 （真空冷冻）	PET/PE	真空、无菌包装
	PA/PE	肉食蒸煮包装袋
	PE/PVDC/PE	腌肉包装袋
	PE/OPP/PE	肉类包装袋
	LDPE/着色/LDPE	冷冻肉食包装袋
	CA/LDPE	冷冻肉食包装袋
	EVA/PVDC/EVA	肉类包装袋
	PE/PA/PE	肉、油类包装袋
	PC/PE	真空、无菌包装
脱水食品包装	纸/AL/PE	粉状食品
	PE/纸/PVA/PE	粉状食品
	EVA/PP/EVA	脱水蔬菜包装
	PT/AL/PE	干酪包装袋
	PT/纸/PE	粉状食品
	PT/PE/AL/PE	粉状食品
快餐干燥食品包装	PP/PE/EVA	方便面等 方便米粉、米饭、点心等
	HDPE/EVA	
	HDPE/LDPE/HDPE	
	PP/LDPE/EVA	
	LDPE/HDPE/EVA	
液体食品包装	PET/PE	咖啡袋
	PVDC/PET/PE	番茄酱、果汁
	PA/PE	饮料、酱菜、食用品包装袋
	PP/纸/PE/AL	油类包装
	PE/AL/PE/纸/PE	牛奶、保鲜包装
	PE/PET/AL/PE/纸/PE	牛奶、保鲜包装
蒸煮食品包装	PEE/AL/PP	食品中的主菜包装袋
	PET/PVDC/HDPE	
	PA/PP	
	PA/HDPE	
	PET/CPP	
	PET/AL/PET/CPP	
充气包装	OPP/Al/LDPE	食品包装袋
	PET/AL/LDPE	
	PET/PVDC/PE	
其他包装	LDPE/HDPE/LLDPE	矿石粉、化肥
	HDPE/LDPE	水泥袋
	PP/编制/PE	垃圾袋
	氟塑料/PE	药品包装袋
	OPP/PVA/PE	膏状食品袋
	LLDPE/HDPE/LDPE	

如表5-1-4所示为包装常用塑料英文缩写与中文名称的对照。

表5-1-4　包装用塑料英文缩写与中文名称对照

英文缩写	中文名	英文缩写	中文名
PA（NY）	聚酰胺（尼龙）	PVC	聚氯乙烯
PC	聚碳酸酯	PVDC	聚偏二氯乙烯
LDPE	低密度聚乙烯	ABS	丙烯腈-丁二烯=苯乙烯共聚物
HDPE	高密度聚乙烯	EVA	乙烯醋酸共聚物
PET（P）	聚对苯二甲酸乙二醇酯（聚酯）	C**	未拉伸**
PUR	聚氨苯甲酸酯	O**	拉伸**
PP	聚丙烯	BO**	双向拉伸**
PS	聚苯乙烯		

④表面极性处理。软包装与纸制品包装相比有许多优点，特别是软包装的防潮性和阻气性是纸制印刷品所不能比拟的，恒塑料薄膜在印迹的附着性，油墨的干燥速度和印材本身变形等方面，远不如纸张，易出现墨层脱落、黏连、套印不准等问题。

a. PE和PP膜的表面极性分析。如前所述，常用于柔性版印刷的PE和PP膜属于非极性材料，而在其表面印刷的塑料油墨则主要是以聚酰胺、氯化聚丙烯或聚氨酯树脂为连结料的油墨。塑料油墨中的聚酰胺、氯化聚丙烯或聚氨酯等都是具有极性基团或具有极性的高分子化合物。根据相似相溶的原理，只有塑料薄膜表面也具有极性时二者才能较好吸附，获得较好的附着牢度。

而PE和PP膜分子中无极性基团，是非极性物质，化学稳定性极高，导致这种薄膜表面对其他物质的吸附能力极差，墨层不易固着，印刷墨层在其表面干燥后形成图文的牢固性差，给印刷作业带来困难。未经处理的PE膜的表面张力是31×10^{-5}N/cm，PP膜是34×10^{-5}N/cm。为了使聚烯烃类薄膜（PE和PP）也能具有较好的印刷适性，就要对其表面进行处理。表面处理的目的在于使塑料薄膜表面活化，生成新的化学键使其表面粗糙，从而提高油墨与塑料薄膜表面的结合牢度。

b. 电晕处理法。塑料薄膜表面处理常用的方法有火焰处理、化学处理、溶剂处理和电晕处理等，其中电晕处理最适合于塑料薄膜，已被广泛应用。

i 电晕处理原理。电晕处理也称电火花处理。塑料薄膜在两个电极中间穿过，利用高频振荡脉冲，使空气电离，产生放电现象，使薄膜表面生成极性基团和肉眼看不见的密集微小凹陷，有利于印刷油墨的附着。

电晕处理具有处理时间短，速度快，污染小，操作简单、方便等优点，但与其他处理方法相比，存在着处理后效果极不稳定的弱点。塑料薄膜经电晕处理后，其处理面的表面张力显著提高，但很不稳定，随着存放时间的增长而逐渐下降，下降速度逐渐减慢，图5-1-5为聚丙烯薄膜处理表面张力随时间下降的曲线。

ii 电晕处理工艺路线。电晕处理工艺路线有三种：第一种在薄膜生产中进行处理；第二种是在印刷、复合中进行处理；第三种是在薄膜生产中进行第一次处理，再在印刷、复合中进行第二次处理。

对后两种工艺路线，由于是处理后当即印刷、复合，因此，不存在处理后放置过久，效果不稳定，表面张力下降的问题。但对第一种工艺路线，可能会相隔较长时间才印刷复合，由于处理效果变差，出现印刷、复合质量问题。所以要求电晕处理与印刷间隔时间应尽量短，最好是薄膜生产、电晕处理和印刷操作连续化。原则上从吹塑到印刷时间不超过15天。否则，随着时间的延长，处理面的表面张力逐渐下降，不能达到应有的效果。另外，处理后的表面也易吸尘而污染。对于不能马上印刷、复合的薄膜，在电晕处理时，就必须加大处理强度，使薄膜处理过头，例如某薄膜厂生产的PP薄膜，大约需要18天运输时间才能到达印刷厂印刷，印刷厂要求印刷时薄膜的表面张力为40×10^{-5}N/cm。查图可知，18天后表面张力大约下降4×10^{-5}N/cm，变为36×10^{-5}N/cm。

iii 常用的薄膜电晕处理装置。电晕放电处理装置主要由镀铬金属辊和放电极组成，其组成方式有以下三种：

辊式电晕处理装置。这种电晕处理装置为单面处理装置，其基本构成如图5-1-6所示。

当承印物从镀铬处理辊与电极辊之间通过时，即可完成电晕放电处理。该装置处理的承印物幅宽可达2500mm，处理速度为300m/min，主要用于处理金属箔和其他导电性承印材料。

盒形电晕处理装置。这种装置属于单、双画处理装置，由上、下两组构成，呈垂直配置。每组由处理辊和盒形电极组成。承印物从上、下两组处理装置通过，完成双面电晕处理。此装置可处理幅宽为2500mm的承印物，处理辊的直径一般为100mm，处理速度为

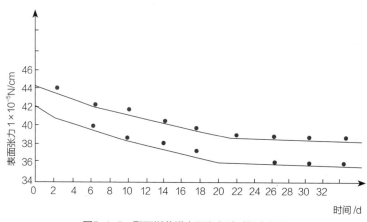

图5-1-5 聚丙烯薄膜表面张力随时间变化图

75m/min。

鞋形电晕处理装置。这种装置实际上是盒形处理装置的特殊形式，也属于单、双面处理装置，由两组处理装置组成，上、下两组倾斜配置。承印物从上、下两组处理装置下通过完成双面电晕处理。其处理的承印物幅宽为3650mm，镀铬辊的直径范围较大，可为150～600mm，处理速度可高达450m/min。

上述三种电晕处理装置均应设有防护罩，承印物入口和出口，以及臭氧排放口、观察窗等。

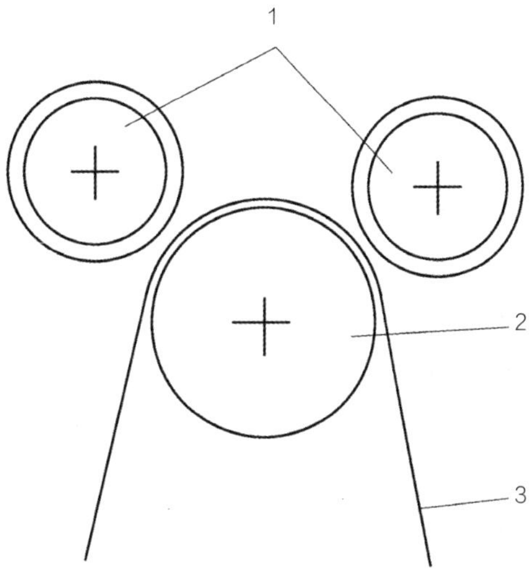

iv 电晕处理注意事项。薄膜处理时，电火花距离薄膜边缘不得少于3mm，以免烫伤或形成筒料黏连。

电火花两极的间隙要小，火花呈暗紫色。

表面活性处理要适度，过度将降低薄膜的机械强度，降低透明度，加大静电的积累。如果是管状薄膜，有可能使薄膜之间黏连，影响揭口。

塑料薄膜经电晕处理后表面张力可达到（38～42）×10^{-5}N/cm。

测定方法：采用测定笔测定最为简便，如无测定笔可自选配制测定液，如表5-1-5所示。

图5-1-6　辊式电晕处理装置
1—电极辊 2—镀铬辊 3—承印物

表5-1-5　测定液配方

甲酰胺 /%	乙二醇乙醚 /%	表面张力值 / (x10⁻⁵N/cm)	甲酰胺 /%	乙二醇乙醚 /%	表面张力值 / (x10⁻⁵N/cm)
35	65	35	74.5	25.5	43
42.5	57.5	36	78	22	44
48.5	51.5	37	80.3	19.7	45
54	46	38	87	13	48
59	41	39	90.3	9.7	50
63.5	36.5	40	93.7	6.3	52
67.5	32.5	41	96.5	3.5	54
71.5	28.5	42	99	1	56

用脱脂棉花球蘸取溶剂进行涂布，涂布面积在80mm²左右，开始时选用的溶液表面张力应大于试件预期的表面能，接着再选用表面张力值较低的溶液，能得到很可靠的数据。薄膜涂布两秒钟内收缩成粒状，则表明薄膜电晕处理强度不足，需重新提高电晕强度再行测试。若试液在两秒钟内不发生水纹状收缩，则表明薄膜已达到处理效果。每次涂布之后的棉花球不能再用，以免污染溶剂，影响测试数据。

c．处理效果的检验。采用医用胶布或胶带纸在10mm×20mm的印刷面上慢速黏拉两次，如墨层被黏拉掉，为不合格产品，应重新处理。

对准印刷部位微微拉伸，查看墨层是否有脱落现象，如有墨层脱落，亦应重新处理。

对印刷物表面相互揉擦数次，查看墨层是否揉擦掉，如有则表明印刷牢度欠佳，如果是电晕处理强度不够所致，应适当加强电晕强度。

（4）不干胶标签材料

① 标签的种类。标签又称标贴，多贴于包装容器上，用于酒、食品、罐头、饮料、化妆品、日用洗涤用品、医药用品、文教用品及大量与人们生活息息相关的包装中。通过标贴上的文字、图形、色彩将内装物的品牌、数量、性质等内容告诉消费者，所以标签是一种最简便、最实用的形式。随着现代设计水平的提高和新材料表新工艺的普及，标签的装饰效果也随之提高。

标签可分为胶水型和预涂型两大类。

a．胶水型标签。胶水型标签是一种传统的即涂黏合剂工艺，即将印刷模切好的标签在背面涂上糨糊等胶黏剂贴到商品表面上，最常见的是啤酒标签。

柔性版印刷方式非常适合于啤酒标签的印刷，其比例也在不断增加。这是因为，啤酒标签采用的纸张几乎全部是70～80g/m²的铜版纸或真空镀铝纸，而且以色块（实地）及线条为主，比较适合于柔性版印刷。同时一般啤酒标签的批量都相对较大，印数达一二百万套，完全可以达到柔版所需的印量，所以在啤酒标签加工上柔性版印刷方法的优点得以充分发挥。

b．预涂型标签。预涂型标签多以不干胶材料作承印物，经过印刷、半模切工艺，制成不干胶标签，使用时拉撕印刷表面基材，很容易地与基纸剥离，背面因有预涂胶黏剂粘贴非常方便。

随着新型材料、黏合剂的应用，不干胶标签的使用范围主要有三大领域：一是基础标签，也称为包装标签，主要用于商品的宣传和标识，如食品和饮料、化工产品、日化产品、化妆品、玩具、个人卫生用品、家用电器、交通工具等所用的标签；二是可变信息标签，主要用于以文字和线条为主的标识，如产品批号、条码、邮政信息处理、仓库管理信息、生产日期或有效日期、产品次序码等可变信息所用的标签；三是特种标签，一般指有特殊功能的专用标签，如主要用于商品的防伪标识标签。

② 不干胶标签材料

a．不干胶标签的种类。不干胶材料又称自黏材料、压敏材料、即时贴等，是包装装潢印刷行业常用的材料，也是标签印刷的基本材料。不干胶材料的分类方法很多，一般按不干胶的表面基材可分为纸基类不干胶标签材料、薄膜类不干胶标签材料和特种不干胶标签材料。不同材质的不干胶标签材料其表面性能和印刷方式不同，在印刷中需有针对性地采取不同的工艺和措施。

ⅰ 纸基类不干胶标签材料。纸基类不干胶标签材料按表面光泽可分为高光纸、半高光纸、亚光纸、金属化处理纸和特种纸。不同的纸张标签材料印刷效果不同，用途也不同。

ⅱ 薄膜类不干胶标签材料。薄膜类不干胶材料标签是近年来标签行业的发展趋势，根据国外资料统计，不干胶材料中薄膜料增长率要大于纸张类。用薄膜材料印刷标签有许多优点，如耐水、耐溶剂腐蚀、不易被撕破、透明度好等，而且薄膜材料大多可以回收利用，既节省资源，又有利于环保。

常用薄膜类不干胶材料主要有聚酯薄膜、聚丙烯薄膜、聚氯乙烯薄膜、醋酸盐类薄膜等。薄膜材料为非吸收性材料，要使油墨在其表面牢固附着，薄膜材料的表面张力必须达到一定值，否则，油墨在薄膜表面不能完全润湿，也就不可能使印刷墨层具有良好转移性和牢固的附着力，因此一般都需要进行表面处理。

ⅲ 特种不干胶标签材料。不干胶防伪标签材料是典型的特种不干胶标签材料，主要有易碎不干胶材料、防伪膜不干胶材料、复合面不干胶材料、安全标签不干胶材料、无荧光/低荧光不干胶材料等。

b．不干胶标签的规格。常用不干胶材料多为卷筒型，大卷（全幅宽度）每卷1000m×1100mm（长×宽），小卷有各种规格，主要在宽度上不同。全幅宽度的不干胶材料的优点是用户可根据产品的规格尺寸自己分切。

在计量上，纸类基材与普通纸张相同，以g/m²为单位。一般使用100g/m²以下的纸作不干胶表面基材。薄膜类基材以厚度为基准，以μm为单位。

c．不干胶标签的结构及组成。不论哪种不干胶材料都由三个基本单元组成，即表面基材、黏合剂和剥离层，如图5-1-7所示。

ⅰ 表面基材（印刷面）。为了提高商品的附加值，进行可靠的产品管理，在选用标签材料时，最重要的就是要正确地选择标签的表面基材，不但要满足颜色、质感及图案要求条件，还要满足耐热性、耐候性、耐水性等条件。此外，表面基材还要适应多样化的印刷方式的要求。

表面基材所用的材料很多，如图5-1-8所示，其背面涂有黏合剂，经印刷模切后取下贴附在商品上。

ⅱ 剥离层。主要功能是承载表面基材，保护黏合剂和作为模切基体。在剥离层表面涂布硅油的目的是，既要防止表面基材背面的黏合剂黏在剥离衬纸上，又要求表面基材同剥离衬纸有一定的黏着力，便于印刷和模切。

ⅲ 黏合剂。黏合剂对不干胶印刷材料的性能及使用范围有直接的影响，是衡量不干胶印刷材料的主要性能之一。

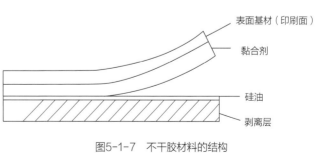

图5-1-7　不干胶材料的结构

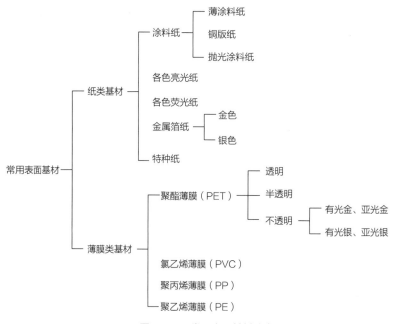

图5-1-8 常用表面基材分类

黏合剂按功能大致分为弱黏、强黏和超强黏型三种。

综上所述，各种表面基材、剥离层，在其中间加上各种黏合剂后可组成多种不同性能与规格的不干胶印刷材料。印刷厂可根据产品情况、用户要求，从材料性质、印刷适性、价格等方面综合考虑选用合适的不干胶印刷材料。

二、国内外先进技术的现状及发展趋势

（一）柔印制版新技术

1. 高清网点柔印制版技术

柔性版弹性模量小，容易变形，因此柔性版印刷的网点增大相对其他印刷方式更为严重，致使柔印对于从实地到绝网的渐变表现十分生硬，往往会出现我们所说的"硬口"现象。为了解决"硬口"问题，Esko公司的研究人员提出了高清网点柔印版技术，该技术集成了4000dpi高精度的光学分辨率和更为稳定可靠的加网技术，以此达到更为细腻和精确的成像效果。这种技术的核心主要有两个部分。

（1）使用高分辨率的输出设备 配合数字式柔印版制版，直接制版机的输出分辨率高达4000dpi，类似于用超细的笔在纸张上写字一样，可以得到边缘更为光滑的网点，对于印品上细微层次和细节的再现有极大帮助，为实现更高加网线数的制版提供了技术基础。

采用4000dpi的分辨率，高光区域最小色调值的精度可以比普通柔性版提高30%，能获得175lpi（70l/cm）、0.38%的稳定网点。高光点的耐印力也大大提高，中间调复制更准确，色调跳跃得到缓解。细小的文字更清晰，条形码等线条更准确。以4000dpi成像，加网线数可达200lpi（80l/cm）以上，能够产生较宽的自然色调范围。175lpi加网线数时，2540dpi与

4000dpi分辨率下不同网点面积率和文字线条的印刷效果相比较，更高的分辨率使得一个网点单位面积内的像素更为丰富，从而形成更为清晰完美的网点。

（2）使用调频和调幅混合加网技术 高清网点技术在图像高光区域的网点生成，采用以"大网点为主，较小网点环绕周围"的办法，小网点较大网点的高度略低一些，为大网点提供支撑，大网点则可以更多承载来自网纹辊和承印物的冲击，保护小网点不受重压。

与传统数字柔性版相比，在亮调区域，高清网点生成的大网点和小网点混合分布能细微的扩展节调范围，印刷效果得到显著提升。

最新版本的高清柔性版中，增加了Microcell微网穴技术，该技术通过在印版表面制作一些凹坑，来增加印版表面的粗糙度，这样可以转移更多的油墨，有利于提高印刷墨层的实地密度和均匀性，从而消除大量的印刷白点。Microcell微网穴技术特别有利于Pantone色和白底色的印刷。

2. 平顶网点制版技术

近几年，柔性版平顶网点技术成为柔印领域讨论的热点。它将标准激光制版和传统胶片制版的优点集于一身，通过使用平顶网点版材或非平顶网点版材，经过特殊工艺实现平顶网点。平顶网点技术的出现和激光分辨力的提升，使激光版可实现非常小的网点，通过优化网点结构和实地加网技术，大大提高了柔印的质量。

传统柔性版的小网点，呈圆锥体状，网点形态是平顶的，但早期并没有人刻意提出平顶网点的说法，因为这是传统柔性版与生俱来的特点，也是缺点。如抽真空存在底片与版材贴合不紧密的风险；UV光折射引起0.5%~1%的扩大率，而且不同部位所需曝光时间不同，高光部位（小网点）需长时间曝光，实地及反白仅需很少的曝光时间；浮雕的截面由曝光时间决定，一般来说，宽容度好的版材，随主曝光时间增加，肩部变化较小；高光部位网点高于实地部位0.01~0.02mm，印刷时，高光部位网点变形大。对于传统柔性版，平顶网点这个特点也就不值一提。

传统柔性版有网点扩大主要是因为早期所使用的银盐胶片有一层保护膜（3~5μm厚），传统柔性版也有一层防黏膜（3~5μm厚），在进行主曝光时，遮光层与感光弹性体之间有6~10μm的距离，光线在保护膜和防黏膜中有折射。同时，对于小网点来说无异于针孔现象，感光弹性体表面没有针孔，离开针孔一段距离，光点有所扩大。

普通数字柔性版的小网点，呈柱体状。数字柔性版相对于传统柔性版的优势有：UV曝光的光散射消除；阴线深，曝光宽容度大；网点截面陡峭；可获得高分辨率的高光网点。这些数字柔性版的优点都是因为在主曝光时阳图直接接触空气（氧气）带来的。

氧气对所有的有机物自由基聚合都有抑制作用。柔性版感光弹性体的曝光聚合是一种自由基聚合，对氧气也是敏感的。阴线深、网点截面陡峭，都是因为氧气的阻聚造成的。在主曝光时，氧气不断渗透侵入见光部分，使得光引发剂产生的自由基不停地消失；只有在光线比较集中、强度大、产生自由基多的部位才能产生聚合反应。那些在弹性体中折射到的部位就失去了聚合机会，因此数字柔性版阴线深，网点截面陡峭。网点的中间部位有四面八方迁移过来的自由基，而边缘部位失去了至少一半迁移过来的自由基。因此，网点的中间部位聚合坚固，洗版过程能够留存；边缘部位，由于自由基相对少，聚合不牢固甚至没有交联，洗版时就被洗掉。最终，网点肩膀陡峭，呈现子弹头形状。小网点因为阻聚作用，聚合不充分，通常在冲洗的时候也被洗掉。为了还原这些被洗掉的小网点，必须对原图小网点进行校正扩大，因此，数字柔性版在制版时需要独有的网点校正曲线。校正曲线的使用，压缩了印刷表现的细节层次。

实现平顶网点的方法有两种：一种是使用自平顶网点版材；另一种是使用设备或者复合材料隔绝主曝光时氧气的干扰（如使用惰性气体），或在版材表面复合阻隔薄膜，或使用UVA-LED曝光光源。柔性版制造商，从依靠设备制作平顶网点，到不依赖外在条件，靠版材自身在普通曝光条件下也能够形成平顶网点。这种自带平顶网点的版材，其小网点平顶的原理仍然是屏蔽氧气的聚合。主要有两种办法：提高感光树脂的感光度，或者在版材内部设置隔氧层。前者的小网点相比普通数字柔性版的稍好些，但1%~2%网点仍然难以显影，离真正的平顶网点有一定距离，且此类版不耐老化，特别是二次上机印刷时，版材容易开裂；后者普遍能够达到1%网点显影，平顶网点明显。

（1）平顶网点版材

① 富林特nyloflexNEFD圆平顶网点版材和nyloflexFTFD平顶网点版材。富林特nyloflexNEFD圆平顶网点版材是高感度的感光树脂，短时间内完成聚合，减少氧气阻聚的时间，在实地和暗调网点上复制微网穴，从而实现高光网点的圆平顶网点结构。该版材在5%~10%网点范围内，由圆顶网点逐步过渡到平顶网点，高光网点印刷时扩大值比平顶网点小，增加了图像的高光细节，拓宽了高光的色域范围。

富林特nyloflexFTF激光版的技术原理是在激光烧蚀黑膜和感光弹性体之间设置隔氧层。该技术无需额外的设备、材料或工艺，通过简单的处理便可实现平顶网点，达到微穴加网的实地加网效果，大大提高了柔印质量。富林特nyloflexFTF激光版应用于软包装印刷，自推出以来就得到了极高的评价，目前有1.14mm和1.70mm两种厚度，其优势如下。

a．节省激光烧蚀时间成本。无需增加额外的制版程序和步骤，使用现有的激光技术便可完成。特殊的表面结构可使用较低的激光分辨力，节约了时间成本。

b．提升制版品质和效率。无需额外的工艺耗材便可实现平顶网点和微穴加网结构，并且制版方式简单易操作，大大提高了制版的效率和品质。

c．改善薄膜印刷"发虚露白"现象。平顶网点具有几何优势，在高分辨力下亦可完成极小网点成像，提高图像的对比度。特殊纹理的表面可以通过简易的渠道完成油墨的转移，高实地密度消除了油墨覆盖中的针孔问题，显著改善了薄膜印刷边缘"发虚露白"的现象。

② 杜邦赛丽Esay平顶网点版材。杜邦赛丽Esay平顶网点版材专门为标签和软包装市场开发，基于全新的树脂配方技术，实现更高的油墨转移、分辨力和色彩饱和度。它将平顶网点技术直接集成在版材上，无须额外的印前工艺和制版流程，提高了生产率。其优势如下：

a．基于当前的数字版工作流程，简化工艺和制版步骤，从而提高生产效率和一致性。

b．无须额外的投资，诸如LED曝光设备、复合薄膜、充氮气隔氧等，便可得到高品质的平顶网点版材，印刷精度可达150lpi。

c．印版光滑的表面可适用于精细的网点印刷，磨砂表面则有助于大幅度的提升实地印刷密度，提高油墨转移率和色彩饱和度。

③ 麦德美LUXItP平顶网点版材。2013年，麦德美公司推出了LuxIn-the-Plate（缩写为LTP）技术，不需要采用特殊的曝光设备、冲版设备或者是进行惰性气体保护，就可以产生平顶网点。缺点是曝光制版后，见光放置很快发硬发脆。

④ 华光DTF284平顶网点版材。华光公司自主知识产权的平顶网点版材DTF284，目前还处于实验阶段，后期工厂测试成功后将在近期推向市场。实验室测试DTF284效果良好，制出的版材曝光宽容度大，网点还原较好，阴线深度大，具有平顶网点的所有优势，完全满足印刷要求。DTF284厚2.84mm。

（2）使用非平顶网点版材的平顶网点制版技术

① 富林特NExT技术。富林特NExt技术将传统曝光UV光源和UVA-LED光源结合在一起，传统曝光机内置UVA-LED光源。UVA-LED光源具有高能量的紫外线输出，主曝光时激光版网点表面瞬间固化形成保护膜，阻隔氧气的聚合干扰，从而形成平顶网点。版材可达到图像1∶1复制，可减少印刷压力的影响，也增加了版材的使用寿命。其优势如下：

a. 创新性地结合了传统UV光源和UVA-LED光源，提供了曝光时的灵活性，减少了在线制版工艺。两种光源灵活选择，可以减少单一使用UVA-LED光源设备成本，更具有经济价值。

b. 高性能和高强度的UVA-LED，近乎对文件1∶1进行复制，使得图像复制精确、浮雕精细、印刷品质高，提高了实地油墨的转移，保证了印刷品质量。

c. 兼容所有的标准高清柔印，适合所有类型的标准激光版，提供所有平顶网点和表面加网的优势。简单统一的工作流程，稳定的UVA-LED输出，既可避免额外成本和风险，又能长期保持高品质版材的再现性，并且曝光台的温度控制也保证了制版条件的一致性。

d. 富林特NExT曝光设备规格有1200mm×920mm、1320mm×2032mm和1200mm×960mm。

② 艾司科InlineUV技术。艾司科InlineUV技术实现平顶网点的原理和富林特NExT技术相似，均是在主曝光时采用高能量的UVA-LED光源，使版材表面瞬间固化成膜，减少氧气的干扰，从而形成平顶网点。艾司科采用的技术路线是在传统的激光烧蚀机内部装置了UVA-LED灯管，称之为InlineUV技术。

艾司科InlineUV技术设备CDICrystal5080XPS拥有全新的Crystal技术，它集合自动数字成像和紫外线曝光，实现了制版成像曝光的自动化和一体化。CDICrystal5080XPS中大幅面版材装版和卸版通过气垫支持的装版台进行，印版很容易移动及固定到位，可以成像所有全幅面激光版或烧蚀膜，或是任意尺寸版材的一部分。它还配有机械手臂，可以自动上下版，实现制版过程中的来回输送。CDICrystal5080XPS基于艾司科成熟的激光成像技术，激光烧蚀分辨力可达4000dpi，全高清柔性版质量标准网线可达200lpi。优点如下：

a. 集合自动数字成像和紫外线曝光于一体，减少了手工操作的步骤，自动上下版和传输功能提高了制版的成功率。

b. 融合了杜邦FAST系统、艾司科自动Crystal技术和艾司科Optics80激光系统，采用人工智能、自动印版成像、正反面曝光，能够切实协调制版流程，实现高清和全高清柔版质量的一致性，大大提高生产力。

c. 集合了UVA-LED主曝光和背曝光，实现了版材的平顶网点，推动了高清柔印UV技术的发展。高工作效率和使用寿命，预期使用寿命高达5000h，加上锐闪自动成像技术，推动了InlineUV技术的发展。

③ 科茂KMF-LED平顶网点技术。科茂KMF-LED柔版曝光机同样利用高能量的UVA-LED光源实现平顶网点，它是科茂最新研制的结晶，可达到国外同类技术水平。科茂KMF-LED采用了世界顶端技术的高品质LED光源，采用合理的布阵方式排列以及平稳的导轨平移方式，保证版材的每个地方都能接受同等的曝光量。优势如下：

a. 世界顶级的优质光源，比传统UV光源更加环保，使用寿命更长，约为传统晒版机的20倍。特殊的矩阵排列方式和导轨平移方式，保证了版材曝光能量的均匀，冷光源技术大大减少了温度的影响，保证了版材的质量。

b. 无须特殊的处理或附加材料便可制作出平顶网点，可以满足高精度、高网线的数字版制版要求。网点更垂直，网点变化小，版面和版面平整度更好，色彩还原好。

c. 智能调控系统可以控制曝光次数、扫描速度、光源强度等制版参数，适用任何类型的数字版。LED灯长时间使用造成辐射能量下降，可以适当提升灯珠的输出光源强度，从而保证设备性能的一致性。记忆系统可以存储不同型号版材的制版参数，下次点开即可使用，提高了制版效率。

科茂为满足标签、预印等柔性版印刷各领域高精度柔版的制作要求，推出包含3000mm×1340mm、1060mm×670mm、1520mm×940mm、2030mm×1100mm、2540mm×1340mm多种规格。

④ 杜邦Digicorr/DigiFlow技术。2008年，杜邦推出了一款改良的数字纯氮气制版流程Digicorr/DigiFlow。Digicorr/DigiFlow技术可与现有的制版系统结合，在原有设备上增加一个曝光密封腔，使其在主曝光过程中重新调配空气环境，以获得数字平顶网点。Digicorr/DigiFlow技术可以实现图文的1:1复制，大大改善实地密度，实现高效、高精度制版，适合软包装及标签印刷。如今，杜邦Digicorr/DigiFlow技术已经发展到氮气薄版技术，可以与绝大多数印版规格、制版系统及印刷设备兼容的氮气曝光系统。

⑤ 柯达FlexcelNX技术。柯达FlexcelNX技术通过覆膜机向版材表面敷一层隔氧薄膜来实现平顶网点。它要求使用供应商提供的专用薄膜或复合材料，上有非传统的基于数字印版的激光烧蚀黑膜，因此用户必须使用柯达的NXH版材、NX热成像膜以及专用的激光烧蚀机。另外，覆膜技术对环境中的灰尘比较敏感，并且会浪费一些版材边沿的材料。

⑥ 麦德美LUX技术。麦德美LUX技术和柯达FlexcelNX技术类似，均是通过覆膜机在版材表面敷一层阻氧薄膜，隔绝氧气的干扰，从而实现平顶网点。麦德美LUX技术相对开放，用户只需要购买覆膜机和对应的薄膜，使用任意带黑膜的版材，便可在原有设备上制作出平顶网点。此技术对环境的无尘化要求较高，也容易造成材料的浪费。

（3）平顶网点柔印制版技术的实现以及优点　平顶网点印版制作的技术核心是在现有激光直接制版工艺流程中消除空气中氧气在主曝光时对制版的影响，在曝光过程中避免空气和感光树脂层进行氧气交换，不用在版材表面覆盖阻隔胶片（或薄膜），使用惰性气体来代替氧气。nyloflexNExT曝光技术，通过使用UV-LED高效能光源，先对印版基材进行第一次快速曝光，以加速图像区域的光聚合，使得来自氧气的聚合抑制竞争变得微不足道；然后再结合使用常规的UV光源进行二次曝光，获得更稳定的平顶网点结构，实现图像从黑膜到版材的1∶1复制再现（图5-1-9）。使用nyloflexNExT曝光技术制作的印版，可以改善印刷压力的容差，并减少印刷墨杠。在标准数字工艺流程中，nyloflexNExT曝光技术无需软片或软片复合，容易集成到现有的激光直接制版工作流程中。既没有因使用惰性气体带来的风险，也不需要额外的昂贵耗材，避免了因额外操作而可能引起的废品和安全问题，大大降低了运行成本。

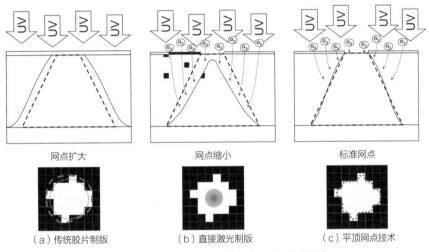

图5-1-9 nyloflexNExT曝光技术对网点的影响

平顶网点对印刷压力相对不敏感，在印刷厚度不均匀的承印材料（如瓦楞纸板）时，能有效减少"搓衣板"现象。印刷高光网点时，以前使用的圆顶网点对印刷压力非常敏感且易于磨损，一段时间印刷后网点扩大值往往较大，如图5-1-10所示为激光直接制版圆顶网点与平顶网点对比；而平顶网点则对印刷压力有比较好的抵抗力，更易于控制网点扩大，能获得更好的高光印刷效果。如图5-1-11所示，如果配合一些特殊加网技术，在印版实地表面可以形成非常微小的网穴或线状结构，有利于提高实地油墨的转移和印刷密度、扩大高光部分复制的色域范围、缩小网点扩大的容差。特别是印刷薄膜类非吸收性材料时，能显著减

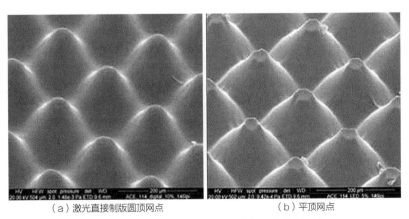

图5-1-10 激光直接制版圆顶网点与平顶网点比较

少白点现象，大大提高油墨密度及覆盖均匀性。

如图5-1-12所示，使用nyloflexNExT曝光技术的ACE114数字印版，在实地表面进行了加网处理。如图5-1-13所示，nyloflexNExT新曝光技术可实现精细图文再现。

如图5-1-12、图5-1-13可以看出，与传统印版和普通数字印版现有工艺相比，nyloflexNExT曝光技术对网点肩部和网点直径的影响。

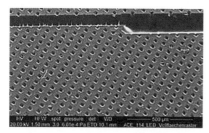

图5-1-11 平顶网实地表面加网技术

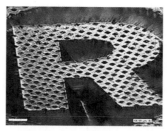

图5-1-12 nyloflexNExT曝光技术的ACE114数字印版

图5-1-13 nyloflexNExT曝光技术再现的精细图文

（4）制版过程中的对比

① 传统激光版在主曝光过程中因为有氧气的负面作用，导致高光网点尺寸在制版环节会缩水变小，5%～8%以内的网点基本上还会丢失，加网网线越高，网点丢失现象越严重，而这些网点的变小及丢失也就直接意味着图像阶调层次的损失，以175lpi网点为例，在制版环节中7%以下，95%以上的网点基本上都损失没有了。那么实际制版中印版上显示出来的所谓1%网点又是怎么回事呢？原来这些都是靠"数码网点弱化"工艺来补偿的，具体的就是通过rip软件中BUMP曲线将图像层次中7%以下的像素网点全部提高合并到7%，然后制版出来以后7%又变回1%，暗调95%以上的网点也是同样方法得到，而且这种子弹头的网点，所测量的网点面积仅仅是顶端的数据，从顶端向根部的数据也是逐步变大的一个过程。可以想象，通过这样的工艺转化，最高光和最暗调的网点阶调层次实质上已经发生了合并和丢失。大家不妨尝试着用数据计算出在此环节中阶调的损失，大概计算方法如下：印刷使用的图像阶调都是8位的位深，也就是说图像阶调最多能体现出2的8次方即256个阶调，还是以175线为例，0～6%丢失，96%～100%丢失，从而导致制版环节存在将近26个阶调层次的损失，网点百分比损失接近10%左右。

② 而对于激光平顶网点在主曝光过程中杜绝了氧气的干扰，使得电脑数据能够1∶1在印版上得以还原，"所见即所得"，网点更稳定结实，特别是高光部分的网点，据实际试验数据测试所得结果，印版上最小成像印刷出来的网点能够做到0.5%，而且由于网点的头部是平的，在承受侧面碰撞力和正面压力的能力方面有了很大的提高，实验证明在制版环节中平顶点的阶调还原基本上就是100%的，几乎没有损失。

（5）印刷过程中受压力后网点扩大的对比　柔版属于凸版的一种，印版上的网点结构是凸起来的，加上版材本身又具有一定的柔韧性，这使得网点在印刷机压印滚筒的压力作用下会有一定扩张。

① 而传统的柔版激光网点是馒头状的，顶上受力大，越向下受力点越多，这样导致受力不均匀，而且不可控，实践中统计的数据大概是印刷过程中激光版网点存在5%～10%的

扩大值。由此可以得出结论，从激光成像到印刷整个过程中图像的阶调还原在比较理想的状况下也就是在85%~90%。

②激光平顶网点的结构是顶部基本成平面，受力点比较多，从而使受力均匀稳定，在同等印刷压力作用下，网点的扩大肯定比馒头状的传统网点扩大会小一些，实验数据大概在5%左右，图像的阶调还原能够达到95%~100%。

（二）柔性版印刷机的先进技术

1. 中心直驱伺服技术

在柔性印刷过程中，网纹辊紧密连接携带图文印版的滚筒。印版上的图文部分像吸盘一样从网纹辊那里吸附油墨，提供稳定均匀的油墨覆盖对印刷质量至关重要，并且这取决于网纹辊和印版滚筒表面之间的持续运动。印版滚筒运转快于网纹辊，印刷滚筒上的着墨量不够，将导致该印刷区域颜色较浅；印版滚筒运转慢于网纹辊，印刷滚筒上的着墨量超出正常量，将导致该印刷区域颜色较深。也就是说，柔印质量取决于保持网纹辊与每个印刷机组中使用的印版滚筒高精度同步。

传统方式中，这通常有两种方式来完成，一种是通过网纹辊与印版滚筒的齿轮连接，采用一个单独的交流感应电机驱动，这种方法的问题是在机械传动系统中齿轮间隙是不可避免的，甚至当齿轮系统被调整得非常紧密，在很短的时间内，齿轮就会磨损并出现间隙。当齿牙前后运动时，齿隙导致网纹辊与印版滚筒快速的加速与减速，有时这就导致了印刷品在水平方向颜色深浅交替。另一种采用独立的伺服电机通过齿轮箱驱动每个轴。随着印刷速度和印刷质量要求越来越高，那么齿轮系统中的机械误差不可避免的显现出来，成为制约柔印质量和速度的主要因素。

随着近年来的技术进步，使得网纹辊与印版滚筒高精度水平上的同步成为可能，即采用闭环控制技术并采用直接驱动电机（DDR）驱动，从而避免了传动中的机械误差。消除机械误差可以使伺服环增益变大，进而增加了伺服环的带宽。由于没有齿隙，网纹辊与印版滚筒的速度控制和相位调整可以被很好地控制，因此在保证印刷质量的前提下提供了更高的速度和精度。同时，因为更高的控制环增益，使得机器更快的运转，从而提高产能。如科尔摩根（kollmorgen）公司生产的Cartridge DDR模块式直接驱动旋转伺服电机，其中间有一个孔，通过这个孔，网纹辊、印刷滚筒或者压力滚筒的轴插入与电机相连，用螺栓使得电机与机器框架固定。

2. 碳纤维气胀芯轴应用

近年来，轻质气胀芯轴由于其轴重量降低、安全性高、高速运作时无振动等优势成为柔性版印刷设备中的新技术，如美塞斯公司的TidlandUltrashaftTM超轻型碳纤维气胀芯，可以承受较重的载荷；减少变形，即使卷心高速运转也不会产生振动，使轻型碳纤维人体工程学卷取解决方案。此气胀轴具有精密的结构，高强度的碳纤维提供重量–强度最优比例的断面模量，广泛适用于各种应用需求。同时提供一个独特的弹性聚合物涂层，以防止进一步磨损、刀切割以及日常操作中意外的碰撞和正常磨损。这种新的涂层与轴柔性贴合，降低了轴心磨损，消除与传统金属套相关的安全隐患，增强了轴的耐用性，减少了停机时间和更换相关金属套筒的成本。

第二节 设备线性化及数字打样

| 学习目标 | 掌握设备线性化原理与网点扩大的调整；掌握数字打样的原理与流程。掌握数字打样的原理与流程。 |

相关
知识

一、制版设备的线性化校准与网点扩大的调整

（1）线性化校色原理　在印刷中，网点扩大始终是影响印品质量的一个重要因素。对于传统印刷，网点扩大是指印品上网点和胶片上网点面积的差值；而在使用CDI（CTP）制版时，没有胶片，因此网点扩大是指印品上的网点面积和印版上的网点面积的差值。在印刷条件不变的情况下，CDI（CTP）印品比传统制版印品偏暗。以数据文件中40%的网点在整个过程中的传递为例来分析，如图5-1-14所示。

在传统制版流程中，数据文件首先经过照排机输出胶片，然后晒版，最后进行印刷。网点从胶片到传统柔性版，由于晒版时光线的斜射和网点边缘的不实等，印版上的网点面积较胶片上的网点面积要小；而CDI（CTP）制版流程中没有胶片，印版上的网点面积和数据文件的网点面积一样大，即传统印版上的网点面积小于CDI（CTP）印版上的网点面积。在同样的印刷条件下，CDI（CTP）版印品上的网点就大于传统柔性版印品上的网点面积。

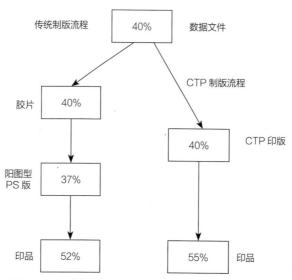

图5-1-14　计算机直接制版与传统制版印刷网点扩大对比

要达到二者印品相同，就要使CDI（CTP）制版机输出印版上的网点小于实际网点，也就是需要对CDI（CTP）制版机进行线性化曲线补偿；或者要想使CDI（CTP）印刷品达到一定的标准，就要按这个标准对CDI（CTP）制版机进行线性化曲线补偿。

如图5-1-15所示，假设$I(x)$是当前设备的复制曲线，$S(x)$是我们期望的复制曲线。当输入值为x时，当前设备的复制值为A点的y值，即$I(x)$，而期望得到的值为B点的y值，即$S(x)$，且有$S(x)=I(X')$。也就是说当期望输出值为B点y值时，须将x值转化为X'代入到当前设备的复制曲线$I(x)$中，才可通得到期望的输出结果。这样就需求出x和X'的关系，该关系就是要求的补偿曲线。当前设备的复制曲线$I(x)$可通过实验得到，并拟合出其曲线方程；期望的复制曲线$S(x)$可根据需要得到，并拟合出其曲线方程，从而可求得补偿曲线方程$c(x)$。

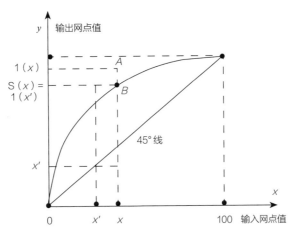

图5-1-15　CDI（CTP）制版机线性化曲线补偿示意图

（2）线性化校色步骤　由于可以在RIP加网过程中对图像数据进行修改。使CDI（CTP）印版得到所需的阶调值，所以CDI（CTP）在成像方面具有常规制版不能达到的灵活性。

不同的RIP软件有不同的线性化和校正方法，为了得到用于控制稳定性的基本参考数据，应该独立完成图像转移到印版上的线性化操作，然后借助特性曲线获得所需的印版上的阶调值。

在具体线性化过程中，通过对控制条上每个阶调的外观网点面积进行测量可以确定实际的阶调转移特性（使用线性化成像印版）。这样可以建立达到参考条件阶调转移印刷所必要的校正曲线。

线性化曲线补偿的步骤可分为以下几步。

① 采用当前CDI（CTP）制版机输出灰梯尺，并印刷得到印品，测量梯尺上每个色块的网点百分比，记为当前设备印品百分比。

② 根据需要给出每一色块的期望印品网点百分比（可按ISO标准得到，或按照CDI版的标准得到）。

③ 根据二者得到线性化补偿曲线，这一步是关键。线性化补偿曲线由专门的生成软件生成。

④ 输出CDI（CTP）版时，调用线性化补偿曲线。这时输出印版上的网点百分比小于数据文件中的网点百分比。最后印刷就可得到期望的网点百分比。

在印版成像中，在RIP中使用此曲线上相应的数据，由此可以制作得到印版在印刷时将能够达到所需特性曲线。

在校准过程中要注意，使用不同供应商的CDI版材时，因为光灵敏度不一致，CDI需要对激光功率进行调整；使用不同的输出分辨力时，激光功率也需要进行调整。CDI工艺中，显影条件是比较稳定的，但是对于药水温度和补充量要合理控制。显影液浓度的检查，可以通过经常检查CDI印版的反射密度或检查数字式测控条来判断显影液自动／手动补充的稳定性。

（3）网点扩大补偿　如前分析，如果在CDI工艺中，只对CDI设备线性化校正，不进行网点扩大补偿，印刷品中会出现明显的中间调沉闷，暗调层次并级现象。因此，CDI直接制版特性曲线的中间调需要提亮。而实际生产中，网点扩大补偿由于承印物不同，印刷机不同，油墨的特性不同，其网点扩大补偿也不同。CDI工艺的网点补偿曲线既可以采用现有工艺输出网点扩大测试文件，上印刷机印刷测试，也可以采用直接通过校准的CDI，输出网点扩大测试文件，上印刷机印刷测试。

二、数字打样

印刷产品的色彩应该是精确的、一致的和可重复的。长期以来，印刷业把打样作为控制色彩的一种重要手段，它的目的是确认印刷生产过程中的设置、处理和操作是否正确，为客户提供最终印刷的样品，也就是样张。对于计算机直接制版企业而言，打样是它们检验制版质量的一种不可缺少的手段。依据输出到样张的图文信息的差异，打样可分传统打样和数字打样两大类。而根据不同的使用目的，打样样张又可分为用于客户签字同意正式印刷的合同样张和用于版式或内部校正及检查目的的版式样张。合同样张是客户验收最终印刷品的质量依据，要求视觉效果和质量必须与最终的印刷品完全一样，否则客户可以拒绝验收付款。版式样张主要用于拼版和版面的校正，以便对设置、处理和操作进行必要的修改，因此，并不要求在视觉效果和质量上与最终印刷品完全一样。因此打样不仅可以检查在设计、制作、印刷等过程中可能出现的错误，而且能为以后的印刷提供依据和标准。通过打样，可以避免各种错误的发生。

（一）数字打样的原理与流程

1. 数字打样基本原理

数字打样是以数字出版印刷系统为基础，在出版印刷生产过程中按照出版印刷生产标准与规范处理好页面图文信息，不经过任何模拟处理方式，以数字方式直接输出彩色样稿的新型打样技术，即使用数字化原稿直接输出印刷样张。它通过数码方式采用大幅面打印机直接输出打样来替代传统的制胶片、晒版、打样等冗长的工序。

2．数字打样的工艺流程（图5-1-16）

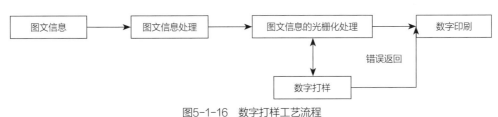

图5-1-16　数字打样工艺流程

3．数字打样的特点

数字打样的优点主要体现在：

① 打样采用全数字化工艺流程，还原性好，避免了传统打样中人力的不确定因素；

② 打样速度快，节省时间，适合于短版印刷；

③ 中间环节少，减少了传统打样工艺流程中的晒版、出片等环节，迎合了绿色印刷的发展趋势；

④ 由于整个工艺流程全部采用数字化操作，所以使用方便，操作简易；

⑤ 可以实现远程数字打样，简捷实用。

数字打样的缺点主要体现在：

① 现在数字打样设备缺乏统一的标准，使操作者和客户难以适从；

② 由于部分数字打样采用调频网点，这种网点的操作技术比较复杂，对已习惯调幅网点的业内人士还不大适应；

③ 数字打样的应用范围无法满足对烫金、烫银等专色打样的要求，而传统打样在这一点上就能够轻易解决；

④ 目前数字打样要求使用专用纸张，不但增加了印刷成本，而且对样张的可信度产生影响；

⑤ 数字打样的管理软件与印刷机、照排机等配套设备的匹配还存在不匹配的情况。

4．数字打样与预检内容

数字打样与预检的内容主要有以下6个方面：

① 文件。使用相同版本和相同语言版本的软件非常重要，这样可避免返工。要检查所有的专业插件是不是现用的，检查所有的标志、扫描图像、EPS设计因素等是否和文件在一起，是否很清楚地被识别，是否都处于逻辑文件夹或目录里，传送的文件是否都是用一个版本设计的等。

② 页面。检查页面尺寸、摆版方向、出血、打印区域、起始点及其他该引起注意的地方。

③ 印刷。文件的打印参数基于应用软件页面窗口的原始设置。这些参数包括分辨率、加网线数、输出质量、数据格式、套印和印刷标记设置、出血值。此外，要注意文件是要用

普通四色印刷还是专色印刷，有没有放大或者缩小，是否已做了分色转换，是否做了补漏白，还要注意检查摆版方向和页面尺寸。

④ 字体。最大的问题还是在原文件字体的应用以及文件中字体作为图像的嵌入，是True Type字还是Postscript字，所应用的设计方法能否确保字体被找到。

⑤ 颜色。主要检查文件中专色的应用、字体、背景填充、整体结构以及线条、段落规则。检查改正颜色的相关细则（不仅检查缺省名称），确保已进行了补漏白处理。

⑥ 图像。检查文件中的图像和字体的效果。检查分辨率、色彩空间、透明度、剪切路径和缩放参数等，确保图像没有采用丢失的压缩路径。

对于每一个标准，都会定义选择好的设置，并以此为依据进行检查。有时软件会自动修正错误或发送一个详细报告提供必要的改正措施。对于PDF和PDF／x格式的文件，将依据设置参数检查设置情况。所分配的工作将被精确备份并保存，以保证安全。如果工作文件遗失，将被备份文件替代。当不知道原文件哪些丢失或过程中哪里有错时，精确的备份文件非常有用。

5．CTP打样配置

在配置CTP打样设备时需考虑下列因素：

① 幅面。打样样张的最大最小尺寸；

② 速度。打样一张样张所需的时间；

③ 色彩质量。色彩复制的保真度与色域；

④ 网目调。打样时是否需要模拟网目调网点的结构；

⑤ 承印材料。是纸张，纸板还是其他；每份打样样张的总成本；

⑥ RIP。打样RIP是否与制版采用的RIP相同；

⑦ 客户认可。客户接受的打样方式；

⑧ 人员。熟悉相关数字打样系统的技术人员。

（二）数字打样方法

数字打样按照接受数据类型方式的不同，可分为RIP前打样和RIP后打样。

1．RIP前打样

所谓RIP前打样是指数字打样管理软件先接受RIP前的PS、PDF、TIFF等数据，再依靠数字打样系统的RIP来解释这些文件，也就是说设计制作完成后就立即打样。它是指数字打样RIP直接解释PS电子文件，在色彩管理的控制下，在打印机上打印样张的过程。其工作流程如图5-1-17所示。

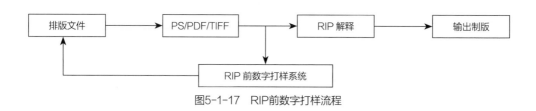

图5-1-17　RIP前数字打样流程

RIP前打样具有软件价格低廉，速度快、易于操作，应用技术相对成熟、对软与硬件要求很低等特点。

2．RIP后打样

RIP后打样是指数字打样管理软件直接接受其他系统RIP后的数据，将这些文件直接处理打样，它是指数字打样RIP对最终输出RIP后生成的1Bit Tiff文件（即挂网后的TIF文件）在色彩管理的控制下，输出与印品一致的打印样张的过程。其工作流程如图5-1-18所示，需将排版生成的PS文件通过RIP解释后才能打样。

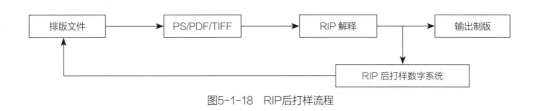

图5-1-18 RIP后打样流程

RIP后数字打样技术是目前数字打样发展的主流，采用RIP后的数据进行数字打样的优点在于保证了打样数据同输出制版数据的一致性。RIP后打样还可以反映排版、转换PS文件及RIP解释等工艺过程所出现的错误，也可以用来控制扫描分色参数的确定、印刷质量的控制，完全满足现有工艺的需求。同时RIP后的数据经过了光栅化处理，可以打印出同印刷调幅网更接近的真网点效果，在色彩、细微层次等方面表现得更加逼真，提高印刷质量和效率。

RIP后打样的特点在于：1bit TIFF文件包含输出版面的全部信息，包括文字、版式、图像、图形及印刷网点结构（网点线数、网点形状与角度）的所有信息，所以是最忠实于最终印刷效果的数字打样。但RIP后数字打样软件价格昂贵，需专业照排输出人员操作，工序多，需专业RIP解释后才能使用。而且1bit TIFF文件数据量巨大，对软、硬件配置要求非常高，处理时间是RIP前打样的几倍甚至十几倍，实际生产效率相对较低，所以一般小型输出中心很少使用。

在实际生产中要求数字打样系统同时具有RIP前打样和RIP后打样功能，对RIP类型并没有限制，能真正接受不同RIP后的数据，还能发现印前的问题。RIP前打样与RIP后打样的主要区别在于：首先，RIP前打样由于生成PS文件的环境、选用的PPD、PS生成的刊印设置等的不同，使得打样时的PS文件很难保证同输出印刷时的PS文件一致，同时，数字印刷时RIP解释PS文件过程同数字打样解释PS文件过程不一致，很容易造成数字打样的结果同印刷的结果不一致；其次，RIP前的打样数据还没有光栅化，没有办法打出印刷调幅网效果，给印刷追样造成困难；最后，RIP后数据的色彩描述同RIP前数据的色彩描述之间存在差别，RIP后色彩描述形式和内容更适合于数字打样色彩的需要，在色彩、阶调层次、精度等最终表现上更加符合印刷打样的需求。而RIP前数字打样比较适合于版式打样和样稿打样，作为合同打样，还存在一些问题。

（三）数字打样系统

数字打样样张准确地与印刷呈色效果相匹配是对合同打样最基本的要求。合同数字打样系统可以分为三个档次，即高档的以热升华技术为基础的半色调数字打样系统、中等质量的喷墨数字打样系统以及以喷墨打印机为打印设备的普及型数字打样系统。

数字彩色打样系统的输出模式分为软打样和硬打样，软打样用显示器，硬打样使用各种打印机。

硬拷贝输出模式直接输出彩色硬拷贝，也称之为硬打样。一般采用数字式彩色硬拷贝技术制作出样张。目前应用较多的有染料热升华型、静电照相型、喷墨打印型和热蜡转移型等。特别是染料热升华型，虽其打样系统的分辨率不高，但样张质量很好，可以达到连续调效果。另外，彩色数字打样系统中采用的彩色硬拷贝均属无压成像系统，加之显色剂和承印材料也不能与实际印刷时完全相同，这些因素都是造成样张与实际印品存在差异的原因，不过这些问题都可通过印前图像处理技术加以补偿。软拷贝输出模式又称为软打样，即直接将彩色版面在显示屏上显示出来。这种输出模式具有高速、成本低的优点，但是显示屏显示是采用色光加色法原理呈色，而实际印品则是靠色料（油墨）减色法原理呈色，加之这两种最终的图像载体也相差较大，因此，软打样的样张很难做到与实际印品相一致，所以，这种输出模式主要作为内校使用。

数字打样系统由数字打样输出设备和数字打样软件两个部分组成，采用数字色彩管理与色彩控制技术达到高保真地将印刷色域同数字打样的色域一致。其中数字打样输出设备是指任何能够以数字方式输出的彩色打印机，数字打样控制软件是数字打样系统的核心与关键，主要包括RF、色彩管理软件、拼大版软件等，完成页面的数字加网、页面的拼合、油墨色域与打印墨水色域的匹配，不同数字打样系统对纸张、油墨的要求也不同，因此就形成了不同的数字打样解决方案，包括打印服务器、色彩管理系统、打印机、油墨、纸张等。

1. 高档热升华数字打样系统

以热升华技术为基础的高档半色调数字打样系统能做到与印刷呈色效果很好地匹配，而且可以模拟常规调幅网点，有的还可以在印刷用的铜版纸上打样；但这些设备价格昂贵，而且耗材价格也较贵，适合于印刷工价高而且对质量要求高的场合，国内很少使用。

美国3M公司的Digital Matchprint和Kodak公司的Approval系统是两种最早提供半色调网点数字样张的产品。采用"抖动"或"随机连续调网屏"的方法来模拟半色调网点，但由于实际的印刷过程并不是采用这种方法，在行业内并不认可。

（1）Imation Rainbow　Imation Rainbow是第一台染料升华彩色桌面打样设备。Rainbow有2730、2740两种型号，Rainbow 2740最大印刷面积为460mm×310mm，包括出血线，还可以印刷出带有金属效果和白墨效果的样张。该打样机拥有优秀的校色软件系统RIP的4.0版本。

（2）Fuji Firstproof　Fuji FirstProof具有独特的模拟网点能力，它采用六边形的网点结构。富士公司的设备与其他的使用传统喷墨和染料热升华技术的设备有所不同，但在Fuji FirstProof中使用的有色层压金属膜与ColorArt系统中完全相同，且与传统层压样张原理相同。用这种方法得到与印刷品非常接近的样张，还可以根据客户颜色查询表来调整颜色。该设备通过在Mac机并用Harlequin RIP驱动，可在500g／m²的涂布纸（包括金属）上进行双面打样。

2. Iris专业数字打样系统

克里奥赛天使的Iris数字打样系统是一类中等质量的喷墨型数字打样设备，这类打样设备通过改变承印物上着墨点的密度表现层次。Iris连续调喷墨数字打样设备使用多色喷墨成像系统生成连续的、精细的墨滴流。纸张被固定在滚筒上，滚筒沿轴旋转，而喷墨成像系统则沿着滚筒长度方向由步进马达丝杠系统带动，最终生成连续调的图案。该系统生成的是连续调图像，表面分辨率可以达到2400dpi。

Iris Print系列的连续调喷墨设备，可以是Brisque工作流程的一个部分，也可以作为Macintosh的独立驱动设备。此外还包含配套的软件，确保整个打样过程的精度和色彩一致。

使用的色彩管理软件包括Iris Color Zone和Profile Wizard，前者的目的是确保每个Iris在不同的时期样张之间色彩的稳定，而后者则利用格林达或爱色丽分光光度仪来生成不同的输入，显示和输出设备的ICC描述文件或设备链接描述文件。

Iris Print打样机还包括色彩校正软件，称为Color Zone。打样机可以自动地生成控制条，并用分光光度计测量其读数，然后，利用Color Zone将读数与标准数据进行对比，或通过Color Zone计算需要校正的数量，控制Iris打样机在标准的数据范围之内。这一过程能在几分钟的时间内返回打样机色彩与标准颜色之间的差别，在规范的条件下完成。

Profile Wizard是制作任何设备的ICC描述文件的软件，它使用的是标准的色表（IT8／7，Kmart 450n等）。软件利用分光光度计读取印刷色表的数据，并将这些数据与参考值比较，计算出需要校正的差值。如果印刷条件发生了改变，如更换油墨或纸张，就需要利用Profile Wizard重新制作或修改特性描述文件。

数字打样所带来的挑战之一是否能复制印刷机所能复制的整个色域范围。对于Iris Print系列，色域范围总是大于印刷机使用CMYK四色油墨所再现的色域范围。因此，这些连续调喷墨设备可以复制出印刷机可印的所有颜色。

对于那些超出四色印刷色域范围的应用来说，Iris连续调喷墨设备也提供了相应的解决方案。尽管它不可能复制所有的Pantone专色（一些专色超出了系统的色域范围），但Iris print设备具有模拟专色的能力，并可对特别专色进行测量生成专色库。设备的色域范围越大，意味着与直接将文件转换为CMYK相比，专色的复制更加精确。由此可以看出，连续调喷墨打样设备具有提供稳定的、可重复的和精确的与胶印机的输出相匹配的能力。

Iris I Proof是一种技术领先的描述文件向导套件和热敏半色打样工艺。已有描述文件向导的色彩管理系统仅仅是为生成打样机的输出描述文件而设计的，现在将它扩展成为描述文件向导套件的形式，用来产生ICC描述文件，并用于输入设备（扫描仪和数字相机）和彩色显示器。

Iris I Proof是一套系统配置，由色彩校准软件Color Zone（Mac版）和佳能BJC 8500输出打印机组成。现在这种描述文件向导套件中增加了爱色丽的DTP 41光谱色度计。Iris I Proof打印一张A3+的样张只需要13min，每小时可以在1200～500dpi的分辨率下打印8张A4幅面的样张。Iris I Print和Iris 4Print可以用同样的色彩管理软件驱动，以300dpi或600dpi的分辨率进行打印。先进的Iris加网技术使Iris I Proof的打样效果可与Iris连续喷墨打样机的专业效果媲美。Iris I Proof也可以融入专业的工作流程中，获得更精确的页面，实现文档散发和远程打样功能。

3．杜邦彩色打样

杜邦克罗马林彩色数字打样系列包括克罗马林彩色工作站、数字克罗马林AQ和克罗马林iGeneration。

（1）克罗马林彩色工作站　旧式的设计师打样软件经扩展升级后改名为彩色工作站。现在杜邦公司将它作为爱普生5000型、7000型和9000型打印机的控制软件，它还可以驱动新的使用颜料油墨的7500型和9500型打印机。这种由百思特公司开发的软件使用杜邦克罗马林描述文件、杜邦打印控制条和杜邦高品质打印纸，使得打样的色调曲线与印刷效果呈线性匹配。

（2）数字克罗马林AQ　数字克罗马林AQ2和AQ4分别是八开和四开的输出系统，设计分辨率为300dpi或600dpi。AQ系统的特性包括与Pantone认证的六色匹配、Heidelberg Delta列表处理、PDF 1.3和DCS 2等。带有PCC-RIP的巴可包装系统和Artworks Pack-flow系统是包装领域中一种新的链接，数字克罗马林AQ-GE系统是经过色相扩展后的AQ系统，它提供了更大的可用色彩空间。

（3）数字克罗马林iGeneration　克罗马林iGeneration是在速度和质量方面均堪称王牌的打样系统。IG-2和IG-4分别是八开和四开的输出系统，它们有8个打印头，打印速度快了30％。IG-4每小时可打印16张A4样张，IG-2每小时可以打印14张A4样张。IG系统具有CromaNet功能，适用于包装印刷。通过在Easy-Spint覆膜机上对转印膜进行喷墨印刷，可以将图像转移到任何介质上去。Flexible White薄膜也可以在iGeneration系统上成像，并可以把需要的地方做成白色。颜色编辑模块可以生成任何特殊的颜色。

4．Bestcolor 数字打样系统

德国BEST公司的Bestcolor数字打样系统运用现在普遍使用的低成本、高质量的喷墨打印机在工作流程中实现高质量的数字打样。对于数字打样来说最重要的是，工作流程中的任一环节所生成的样张，都必须与最终印刷品完全一致，且任一环节间色彩的相互传递都必须保持紧密联系。除此以外，对于数字打样而言，可以保持始终如一的质量稳定是关键所在。Bestcolor打印机的线性与线性校准功能，可在按需喷墨的打印机上得以实现。

（1）Bestcolor Proof

① ICC色彩管理。Bestcolor全面支持ICC色彩管理标准。只需选取2个相对应的ICC文件，就可用打印机模拟任何输出设备及各种印刷方式。

② 多通道设计。可至多建立15个通道，这些通道独立设置以适用于不同纸张特性和打印条件。

③ 复合色或分色文档。无论喜欢复合色或分色的PS或PDF文档，都可方便、正确地计

算输出。

④ 控制信号条。Bestcolor可将一些常用的印刷参数通过控制条的方式打印出来，还可用自定义或系统自带信号条。

⑤ 裁剪。如果只想打印作业的某个局部，裁剪功能将方便地实现局部打印。此外，还可将大图按打印机的宽度分成几页打印。

⑥ 拼大版/多重拼贴。为了最佳使用纸张宽度，可将不同格式与大小的文件拼在一个版面上同时输出，这一功能可以把某一作业按所需次数在同面上多重拼贴，特别适合标签打印。

⑦ 备份／恢复。备份功能将把所有满意的设置保存下来。一旦系统出错，便可用此备份文件恢复所有设置，包含打印机参数性文件等。

⑧ 支持更多数据格式。目前支持PostScRIPt，EPS，PDF，TIFF，TIFF／IT，JPEG，DELTA LIST和Scitex CT／LW，不久将会支持更多。

⑨ 打印机线性。打印机线性功能将校正打印机，让它始终处于最佳工作状态。无论更换喷头或墨盒，打印机色彩将一直处于标准化最佳状态。

⑩ 双面打印（LASER）。 Bestcolor支持打印机的双面打印单元，通过此功能双面打印将变得非常方便。

⑪ 超级优化的加网。这种加网方式将使打印机工作更稳定，色彩过渡及打印细节更出色。这种高精度的加网还可建立打印机线性文件。

⑫ 一边RIP一边打印。在RIP的同时进行打印，当RIP结束时作业样张也快打印结束。这将大大节省时间。

⑬ 预览。可在打印前先在电脑屏幕上检查作业正确与否。

（2）Best Designer Edition和Best Screen proof　Best Designer Edition和 高 端 的Best Screen Proof是Best公司在Bestcolor Proof的基础上推出的两个客户端打样产品。

Best Designer Edition以“ICC”为基础的彩色管理技术作为系统的核心，能使普通的用户只要通过ICC文件就能将印刷的色彩精确地复制出来。

Best Screen proof是一款以网点再现为目的而设计的产品，它可以通过直接接收RIP后的文件（1bit TIFF文件），然后在这个已经RIP好的文件上进行色彩管理，使得最后打印出来的打样稿与印刷出来的印刷品，不仅色彩一样，就连网点情况都一致，包括印刷过程中将会出现的龟纹，以及网点扩大。Best Screen proof是一款同时具有精确色彩和真网点，可以真正预示印刷结果的数字打样产品。

过去人们要在需要精确的颜色或最终印刷的网点信息中做出选择，这是因为最终输出数据的格式是二进制的，所以颜色的数值一旦决定，那些数据便不能被修改。怎样才能将先进的ICC色彩管理与RIP后加网信息一次输出呢？Best Screen proof采用了一种全新的技术，将分辨率高于喷墨打印机的RIP后的数据通过喷墨打印机打印出来，并将真实的网点结构和线数真实地再现。所有龟纹、玫瑰斑或因各种不同原因产生的质量问题都可以进行事先检查。Best Screen Proof能被集成于各种已存在的工作流程中，例如Agfa、Creo、Dainippon-Screen、Fuji film、Heidelberg、Krause-Biagosch、Purup-Eskofot、北大方正或可以生成1-bit文件的

RIP解决方案。原始网点的再现是基于用户使用的并用于推动各种厂商的照排机、直接制版机和数字印刷设备的1-bit文件，这些文档是输出以前的RIP后的结果，并且已经包含了完整的胶片、印版或数字印刷所需的各个分色版的网点信息，并与输出设备的挂网线数一致。在打样时看到的网点便是采用输出到软片、印版和数字印刷的同一数据，这是基于R.O.O.M的理念："RIP一次打样输出多次"。

Bestcolor远程打样产品，对控制和异地打样成品的色彩负责，并实现异地两个打样系统间的相互交流。通过Bestcolor将在两套数字打样设备间建立一个新的、可相互沟通的构架，以确保每个通过Bestcolor输出的打样稿都是正确的。

5. Black Magic数字打样系统

澳大利亚Serendipity公司的Black Magic数字打样软件侧重于色彩管理。由于打印机墨水的色域远大于印刷油墨的色域，如何进行两个色域间的转换，并且使打印机墨水的色域接近或匹配印刷油墨色域成为关键。Black Magic软件可以采用与密度计和分光光度仪相结合的方式控制色彩，很好地支持ICC Profile。通过密度计确定打印机CMYK四色实地密度，以及单黑和三色灰平衡的密度，并使用替代色初步完成对打印机的调试。一般情况下，基本得到近似印刷的色彩。通过测量、制作和编辑打印机打印的ICC文件，来匹配印刷环境的ICC文件。这样，就可以保证打样系统的色彩效果。

Black Magic拥有完善和成熟的真网点技术RDT，即产生带有相同于照排机/制版机RIP后输出网点的数字打样稿。该软件可以驱动打印机再现印刷常用的150/175线的网点。采用模拟印刷调幅网点，能够精确地体现图像的细微层次，从视觉上保证与印刷品色彩的一致，能够让印刷机操作人员方便准确地印刷。

Black Magic作为一个标志性产品，主要用于真正的R.O.O.M（一次RIP，多次输出）工作流程，接收RIP后（1位）数据进行数字打样。

Black Magic还侧重于对单个打印机或群组打印机的控制，这些控制不仅仅是如何驱动打印机打印头喷射出模拟印刷的调幅网点，而且这一套软件可以通过网络驱动多达八台打印机工作，同时对指定打印机进行指定工作任务的打印，也可以通过软件自动分配任务进行平衡打印。

Black Magic支持专色和分色打印。在专色打印时，四色是通过网点来实现而专色就如同印刷一样打印成实地，真正模拟了印刷使用的专色样稿。

Black Magic的数据传输和处理速度高。如服务器主机采用双CPU，使用HP5000打印机，打印一幅大小为550MB的对开四色文件，软件处理和打印时间仅需要6min。

① 跨平台操作。 RIP后的数据有来自Mac机的，也有来自PC机的，Black Magic通过传输协议可任意读取任何操作系统RIP后的数据。相对于不能直接读取Mac平台RIP数据的软件来说，Black Magic无疑具有更高的工作效率。

② 网点质量好。与印刷调幅网既神似又形似，神似是指网点角度、网点线数与RIP数据完全相同；形似是指视觉效果更接近印刷品。Black Magic打样网点不发虚，并且忠实再现印刷网点。

③ 同时驱动多台打印机。Black Magic的服务器可以统一管理多台打样设备，在色彩一

致性等方面要比单机分别控制的打印机质量好、效率高。

④ 多客户端操作。RIP与数字打样在同一台机器上运行，通过客户端实现两者同时操作。这与网屏的流程方式相似，用一台配置高的服务器取代多台单机，即可以实现极高的资源利用率。

⑤ 专色支持。Black Magic的用户可在几分钟之内掌握专色的处理方法。由于专色支持数量不限，一次置入可以永久使用，因此没有烦琐的命名规则，无需每次更改设置，操作方便。在处理专色时，Black Magic灵活、方便、准确，尤其适合包装打样的用户。

⑥ 陷印检查。Black Magic具有独特的陷印检查功能。通过屏幕软打样即可检查陷印情况，无需打样成品后再进行陷印情况检查。

⑦ 远程打样。Black Magic可用一套软件实现异地打样，远程打样时Black Magic同样属于一次RIP，远程打样的用户无需再准备RIP。

⑧ 色彩参数的制定方法。Black Magic具有ICC和替代色两种方法，ICC更适合于商业印刷的用户，替代色则更倾向于报业印刷的用户。对于报业印刷的用户来讲，如果使用ICC的方法，报纸打样一旦印量少、墨色控制不好，就会被ICC作为标准确定下来，不标准的ICC数据会对以后的印刷产生不良影响。Black Magic可以通过特有的专有替代色功能，通过采集印刷文件数据，用密度法方便、快捷地达到印刷要求。

6. 金豪Color Express数字打样系统

中国香港金豪公司的Color Express数字打样系统内置了ICC色彩管理系统，通过对大幅面喷墨打印机的ICC色彩特征文件的色域调整，使数字打样样张充分表现印刷油墨所能表现的色彩。

Color Express具有以下显著特点。

① 运行稳定可靠。Color Express是在出版界著名Harlequm RIP的基础上开发的，它经过了十几年的实际工作的考验，已相当完善，用户可以在百分百无故障的情况下使用Color Express进行打样。

② 色彩精确。Color Express结合了灰平衡调整技术和ICC色彩管理技术，用它输出的样张色彩、层次等均和传统样张一致。

③ 开放的色彩管理技术。Color Express不仅可以模拟标准的传统打样，还可以模拟其他印刷工艺的输出效果。

④ 支持专色输出。

⑤ 无限的功能扩展。Color Express不仅可以单独使用，而且它还可以和金豪公司其他的产品一同使用，诸如拼版软件、折手软件。它和Secure Proof一同使用，可以实现"一次RIP，多次输出"的功能，确保数字样张和印刷品最大限度的一致。

⑥ 多种网点可供选择。既可以用调频网输出，也可以用传统的调幅网点输出。

⑦ 超强的兼容性。Color Express完全支持PostScipt Level 3，所以它可以输出众多的印前设计排版软件的结果。

⑧ 网络功能。支持网络打印和直接打印输出。

⑨ 支持多种字体格式和文件格式输出。可以支持中英文的PS字体，CID字体。TrueType字体也可以下载输出。Color Express可以输出PS、EPS、PDF、TIFF、DeltaList、l bit TIFF等

格式的文件。

⑩ Color Express具有对输出的文件进行拼版、连晒和分切（分块输出）的功能。也支持包括HP和Epson、Canon等众多厂家的输出设备。

7. ORIS Color Tuner数字打样系统

德国CGS出版技术公司的ORIS Color Tuner数字打样系统，采用ICC Profile色彩管理技术，ORIS Color Tuner的色校正功能（CMYK精密调整）可使喷墨的色彩再现最优化。与最新的喷墨打印机的CMYK的驱动程序相配合，可以对打印系统进一步优化更新。

通过选配大幅面、高打印质量打印机、ORIS. Color Toner（专业版）色彩管理软件，能使打印量较大的胶印及广告领域的用户获得最高的性能价格比。而在选配多种幅面不同的打印机、ORIS. Color Toner（通用版）和及ORIS Color Toner（普通版）色彩管理软件，则为中小型设计、制作公司提供了经济实惠的数字方案。

系统具有以下特点：

① 打印机的线性校正功能。在打印机校正到标准化的最佳状态后，无论更换打印头或者是墨盒，打印机打印的色彩始终处于标准化的最佳状态。

② 自动配色功能。根据ICCPROME和打印机的Lab值来进行配色。自动作成 $\triangle E$（色差值）最小的色表。根据记录文件对打印机进行校准。

③ 色补正功能。可以用色补正功能对任意颜色进行补正。

④ 专色打样。印刷色与专色有不同的颜色值，将专色的颜色值用Lab模式转换为CMYK模式，这样就可以在同一样张上一次打印印刷色和专色，印刷色用其印刷色的色域，专色则不受限制，用全色域去打印。

⑤ 大幅面画面的分割打印功能。大幅面的画面需要用大型的打印机才能完整打印，应用此功能可以将大幅面画像分割成几块，分别用普通打印机来分割打印。

⑥ 支持数据格式。PDF1.3/1.4、PDF/X、PostScript、EPS、DCS1、DCS2、TIFF、JPEG、TIFF/IT–PI（CT/LW/HC）1–bit TIFF、Scirex Handshake CT/LW、Scitex NLW/NCT。

⑦ 具有高精度、高打印密度、高色彩还原性的打印机、ORIS Color Tuner（专业版）色彩管理软件及由软件开发商配套开发的墨水及纸张。适用于油墨特性较差、色彩还原要求较高的凹印行业和有高精度要求的胶印行业。

8. 爱克发Grand Sherpa普及型数字喷墨打样系统

Grand Sherpa的分辨率可达1440dpi×1440dpi、网点大小可变、最多可打八色。爱克发还在本系统里配置了改进的色彩管理软件、质量管理软件、流程整合软件等组件，以此提高整个系统的能力。

Grand Sherpa采用了多种密度、按需喷墨、压电技术。爱克发在该系统上配置了CMYK四色、淡青色和淡品红色六个喷墨盒。由于使用了多种密度的油墨，可以得到更好的油墨混合，更宽的呈色范围，因此可以比以往都精确地复制一些难以控制的颜色。与Pantone专色系统和特殊的标志色系统的匹配率可达85%以上，此外在Grand Sherpa中还配置了两个额外的墨槽，可以用于高速版式的打样。

Grand Sherpa是第一个能够精确对出现玫瑰斑型网点图案进行复制的喷墨系统。Grand

Sherpa可以进行两种分辨率的打样：1440dpi×1440dpi、720dpi×720dpi，在快速的版式打样中可以使用360dpi×360dpi的分辨率。在对33in×47in（A0）幅面以360dpi的分辨率进行版式打样时，速度为两分钟。精确的承印物传递确保了套准的准确度，对喷墨头进行调解可以适应厚度为0.1～2.2mm的承印物。

爱克发的ColorTune 色彩管理软件采用一种特殊的绘图算法，匹配不同呈色范围的印品，如报刊印刷、商业印刷等。可以定制客户特有设备的特性描述文件，保证难于控制的非彩色的精确复制。色彩管理是在存有Pantone色库和用户自定义色库的RIP中实现的。

爱克发的质量管理系统是一种与分光光度计串联使用的软件，因此流程内的所有Sherpa打样都可以得到相同的色调。该软件可以检测一台Sherpa在一段时间内的稳定性，或不同地点的多台Sherpa 打样机的稳定性。

在打样机的RIP上运用Open Access，可以轻松地将Sherpa与非爱克发的其他流程整合在一起。它可以接受任何一种文件格式，包括：海德堡的Delta List，赛天使的CT/LW，Harlequin的ScRIPt Works位图。色彩管理特性描述文件被用于打样机RIP中，确保签样样张的颜色精确度。

9．EFI Colorproof XF数字打样系统

采用Best技术的EFI Colorproof XF数字打样系统，将EFI最新的色彩技术和基于工业标准的现有硬件集于一身，在扩展网络功能的同时又包括了多个可以不同方式连接在一起的组件，从而满足客户基本或扩展配置的要求。这种模块化使终端用户更加灵活，帮助用户定制适合于个人校样需求的解决方案，并根据扩展需要添加更多的功能。Colorproof XF支持各种品牌、各种类型的印刷机，包括爱普生、惠普等型号的打印机，能够定义四色油墨为专色油墨打印输出。Colorproof XF具有多功能、灵活性、可扩展性及高性价比等优势，支持Windows和Mac OSX 跨平台操作，并且兼容最新的用于开放式作业预制的JDF。它适用于报业出版商、广告公司、印刷制版及摄影工作者。

10．Eye-One色彩管理系统

Eye-One是一套专业、易用、价格适中的完全色彩管理系统。Eye-One Pro分光光度仪除了能进行显示器校正，配合相应的软件进行打印机、印刷机、数字投影仪、扫描仪或数码相机的色彩管理外，还可测量闪光灯和连续光源的环境光，帮助用户得到包含环境光的更准确的ICC特性文件，适用于广告设计、摄影、印前制作等行业。

11．O.R.I.S.Color Tuner数字打样系统

德国CGS出版技术公司的O.R.I.S.Color Tuner数字打样系统可以替代传统的胶印打样方式，直接从工作站输出制作完成的文件到打印机，而且打样结果与印刷十分接近，主要针对胶印、凹印领域的印前提出专业的数字打样解决方案，为打印机校准、自动化的色差调整（ACM）及特殊需求（专色、灰平衡、选择性色彩校正、远程打样方面）提供了完整而精确的效果实现。

（四）数字打样质量控制

随着印刷技术的进步，尤其是CTP技术的兴起和发展，数字打样在短短十几年内取得飞

速发展，就目前国内的状况来讲，多数企业面临的局面仍然是一边在用数字打样机，一边问题连连不断。例如，打样结果无法再现原稿暗调层次，无法正常反应印刷机色域特征；印刷追不上打样效果；严重偏色等，最终的结果多半是浪费印版或纸张，返回到印前环节去修改原稿，然后整个过程再重新来过，造成极大的人力和物力的损失。

总的来说，数字打样的质量取决于三方面的因素，一是数字打样系统及材料的性能，二是打样过程中对图像再现性的控制，三是数字打样工作环境，三者相互关联。

1. 设定数字打样工作环境

稳定的色彩是保证打样质量稳定的关键因素。然而，随着生产环境（温度、湿度）的变化、数字打样耗材（纸张、墨水）的不同批次的改变、数字打样设备的磨损等都会引起色彩的变化。为了保证数字打样的色彩稳定，要设定数字打样生产环境的温湿度和光源环境。要求数字打样生产环境的温度为23±2℃，相对湿度为（50±10）%。采用标准光源。

2. 优化数字打样系统和固定耗材进货渠道

对于喷墨打印机来说，打印头的性能好坏直接影响数字打样的输出效果。打印头能够达到的打印精度决定数字打样的输出精度。打印机的横向精度是由打印头的结构状况所决定的，纵向精度受步进电机影响，如果走纸不好，会对打印精度造成影响，必要时需要校正打印头。此外，生产过程中如果打印头出现堵塞时，样张上就会出现断线现象，因此应经常清洗打印头。

打印墨水对打样色彩的还原起到决定性作用，如喷墨打印机的墨水有颜料型和染料型两种。颜料型墨水不易褪色，其墨水原色同印刷油墨更加接近，但光源环境对样张色彩影响更加明显。染料型墨水成本较低，且对打样的纸张适用范围更广。

数字打样所用纸张一般为仿铜版打印纸。一方面，它同印刷用铜版纸具有相似的色彩表现力，更易达到同印刷色彩一致的效果；另一方面，仿铜版表面有适合打印墨水的涂层，涂层的好坏将决定样张在色彩和精度等方面的表现，同时打样纸张的吸墨性和挺度也会影响打样质量。

总的来说，打印系统和打印质量的稳定性是任何一个数字打样用户追求的目标，为了确保数字打印系统的正常和平稳工作，必须达到以下几点：

① 数字打样所用的计算机是"专机专用"，不要安装与数字打样无关的任何软件。为了确保系统的稳定性，每隔两周要对Windows系统进行安全补丁检查以及杀毒软件病毒库的更新。打样机更要做到"专机专用"，不能用于非数字打样的用途，建议为版式打样和色彩打样各自指定专门的打印机。

② 为了确保数字打样的颜色标准性和高精度输出，在调试数字打样时都是用"单向"的打印模式。同样，调试完成后都是要用"单向"的打印模式进行生产，不能为了加快生产效率而使用"双向"的打印模式。

③ 制作印刷profile时，要针对特定的印刷机、特定的印刷纸张和油墨进行，命名的时候要写上机型，以便调用时区分。印刷机型、纸张或者油墨参数一旦改变，印刷profile必须重新制作。

④ 打样时尽量采用原装的打印油墨和专用的打印纸，以保证打样机的色域比印刷机的

色域大。应先将打印色域去匹配印刷色域，然后在实际印刷生产过程中再反过来用印刷追打样样张。即先完成色彩管理中的正向匹配标定打样系统，再进行逆向匹配追样。固定耗材的进货渠道，保证纸张、墨水的稳定。

⑤ 采用具有校准功能的数字打样软件，并规定每周做一次色彩校准，每天做一次色彩检验，校准和校验。

⑥ 确保颜色测量方法的准确。首先测量仪器要校准，其次测量方法要正确。比如用EFI Spectrometer ES-1000进行测量时，必须根据系统提示进行校准，样张下面最好垫上干净的厚白纸以阻挡复杂的背景光通过，测量速度要均匀，力度大小要合适，避免刮伤色块。测量后的样张要有数据记录和标注，以免以后调用和比较时混淆。建议命名时标上标版用途以及打印时间。

3. 控制图像质量

（1）输出分辨率的控制　数字打样的分辨率有着双重的控制标准，既要达到一定的输出精度要求，真实地还原图像，又要求满足印刷输出的精度要求。在打印设备和耗材满足基本精度要求的情况下，要实现数字打样与印刷的精度匹配，必须通过数字打样软件采用相关的加网技术来完成。数字打样分辨率的控制比较简单，只要选择合适的打样控制软件、打样设备和介质就能满足打样的要求。

（2）阶调再现性的控制　控制数字打样阶调传递的第一步是要确定数字打样输出的密度范围，即墨水和纸张相互配合所能够表现的密度范围。可通过数字打样软件控制打印机的最大给墨量，确定CMYK四个信道的最大密度及双色、三色和四色叠加的最大密度。打样最大密度确定了，整个打样输出的阶调密度再现范围也就确定了。

在最大密度确定的基础上控制调整打样输出图像对原稿各阶调的再现效果，包括灰阶级数的确定和对图像高中低调的压缩拉伸等处理，以及灰平衡控制等。阶调的传递主要包含以下几方面的内容。

① 满足阶调的连续变化。打样输出图像的明暗变化是依靠密度由低到高的变化来体现的，打印输出设备和打样加网方式决定了打样密度变化的灰阶级数，灰阶级数是满足阶调的连续变化的前提条件，灰阶级数达到一定数量时，人眼观察的结果就呈现连续调效果。

在灰阶级数满足条件后，还要求由半色调网点的"等效密度"与连续变化图像密度间的等价。在单位面积里，网点面积的大小决定了网点覆盖率的多少。在印刷过程中，由于油墨传递方式的限制，不管网点面积大小，油墨的密度都是相同的（理论上应该等于实地密度）。除实地之外，还有半色调区域的两种特殊密度区：一种是油墨的高密度区；另一种是空白的低密度区，这两种密度差距很大。空白与着墨点的平均密度就是等效密度。网目调图像中，网点的覆盖率理论上在0～100%变化，一旦把网点密度变为等效密度后，对应原稿的连续变化密度，复制的网目调的等效密度也会产生连续变化的感觉。数字打样网点覆盖率随阶调的变换而变化是复制品阶调变化的基本条件。

在讨论网点的等效密度的同时，还应该考虑纸张的表面情况和加网方式对等效密度的影响。

② 忠实还原原稿的阶调层次。理想的阶调复制是原稿的图像传递到样张时，阶调层次完全再现。由于原稿的密度范围不是统一的，原稿的阶调分布也是千变万化的，因此在阶调复制时需要对亮调、中间调和暗调的分布作压缩、拉升等处理，保证数字打样样张很好地再现原稿的阶调层次。

③ 打样系统的色彩平衡。不同颜色的打印墨水的化学成分是不同的，因此各个通道的输出特性不一致。除满足CMYK四个独立通道的阶调传递要求外，还必须考虑几个通道合成彩色时的色彩平衡关系和整体阶调层次的体现。每个通道对不同特点的图像的层次再现有不同程度的影响，如蓝通道的阶调变化对人物肤色的影响最为明显。在做打样系统的线性化时，必须进行整体的色彩平衡和阶调校正，使灰平衡关系达到数字打样的要求。

（3）颜色再现的控制　色彩的传递建立在阶调传递的基础上，但由于数字打样的工艺原理和使用的墨水、纸张同印刷是不同的，因此还需要对数字打样的色彩传递作进一步控制。数字打样的目的是为印刷提供标准，必须对用户实际生产工艺特点进行数据化分析，然后以这些数据为基础，使数字打样系统达到打样同印刷相匹配的要求。数字打样系统在完成自身的基本校正后，打印色域与印刷色域还不能达到一致，需要通过色彩转换引擎（PCS）的转换将打印的色域映射到印刷的色域内，实现数字打样色彩同印刷色彩匹配。首先，要采集印刷工艺数据生成印刷特性文件，同时，分析打样系统自身的特点，生成打样系统的特性文件，然后通过PCS完成色彩匹配。

数字打样软件的转换引擎在进行PCS色度空间转换时，必须依照国际ICC标准委员会规定的D_{50}标准白点。但众所周知，数字打样各种墨水的光谱特性不同，而印刷的油墨也有不同的光谱特性，同时测量仪器的标准光源和光谱采集的分析计算等存在一系列差别，因此要求在采集印刷和数字打样的特性数据时要满足一定的条件并做出不同的设置。

（五）数字打样色彩管理软件

数字打样技术的发展产生了许多控制数字打样质量的打样与色彩管理软件。常见的有。

（1）EFI Colorproof XF数字打样系统　EFI Colorproof XF数字打样系统采用Best技术将EFI最新的色彩技术和基于工业标准的现有硬件集于一身，在扩展网络功能的同时又包括了多个可以不同方式连接在一起的组件，从而满足客户基本或扩展配置的要求。这种模块化使终端用户更加灵活，帮助用户定制适合于个人校样需求的解决方案，并根据扩展需要添加更多的功能。Colorproof XF支持各种品牌、各种类型的印刷机，包括爱普生、惠普等型号的打印机，能够定义四色油墨为专色油墨打印输出。Colorproof XF具有多功能、灵活性、可扩展性及高性价比等优势，支持Windows和Mac OSX跨平台操作，并且兼容最新的用于开放式作业预制的JDF。它适用于报业出版商、广告公司、印刷制版及摄影工作者。

（2）GMG公司的彩色打样和色彩管理系列软件

① GMG ColorProof彩色打样软件。GMG ColorProof彩色打样软件具备独立的RIP技术，强大的打印机校准功能、精确的色彩再现、无限量的专色处理、自动的循环校色，并且支持多台打印机同时输出，其在单黑、专色和真网点打样方面更有非常出色的性能。

② GMG FileOut色彩管理软件。GMG FileOut色彩管理软件可以进行CMYK色彩管理，实

现不同印刷色域空间的转换，如由胶印到凹印、平印到轮转，使四维色彩管理保证得到一致的色彩，适用于印刷机适印性的改善。

③ GMG DotProof网点打样软件。GMG DotProof网点打样软件涵盖了ColorProof的所有功能，精确的色彩再现和网点增益的自动计算，真实还原高达200l/in的网点打样，直接加载CTF、CTP的补偿曲线，自动检查网点、网线信息，实现无限量的专色处理。全开放的平台可实现与众多流程的集成。

④ GMG FlexoProof柔性版印刷打样软件。GMG FlexoProof柔性版印刷打样软件支持1-bit Tiff文件，支持所有标准的专色系统（HKS或Pantone），可以实现专色叠印、高保真Hexachrome模拟，模拟纸纹、套印的效果，可以满足特殊的柔性版印刷和包装印刷的生产需求。

（3）爱色丽公司的色彩管理系列软件

① ProfileMaker 5色彩管理软件。ProfileMaker5 色彩管理软件能帮助色彩领域的从业人员建立高质量、高可靠性的ICC文件。ICC文件将建立起整个色彩管理流程并保证其准确性。ProfileMaker5传承了以前版本的优点，并增加了一些新的功能，可以更快、更方便地为扫描仪、数码相机、显示器及多种输入输出设备制作、编辑ICC文件，建立更完整的色彩管理系统。ProfileMaker5根据对工作流程中不同颜色设备所产生的颜色信息的处理能力而分成几个独立的模块，如Editor（编辑模块）、Monitor（显示器模块）、Scanner（扫描仪模块）、Digital Camera（数码相机模块）、Output（输出设备模块）、MultiColor Output（多色输出设备模块）、ColorPicker（专色转四色模块）、MeasureTool（测量模块）、DeviceLink（设备连接模块）。用户可以根据自己的需要选择对应的模块，以后还可根据工作的需要自由地增加模块，以便改变色彩管理的组合模式来满足需求。ProfileMaker 5专门为不同的行业开发不同的组件：如适用于数字影像行业的ProfileMaker5Photostudio Pro；适用于印刷行业的ProfileMaker5Publish Pro；适用于包装、纺织等专色比较多的行业的ProfileMaker5。

目前ProfileMaker部分功能已被i1profiler取代。

② 爱色丽色彩品质管理软件QAI。爱色丽色彩品质管理软件QAI可广泛应用于行业的色彩控制工序，并具有数据全面、界面清晰、操作简便、适用性广，与色彩品质管理工作实际操作模式紧密结合等特点。QAI可以网络模式操作，它允许多用户同时使用同一组数据库和标准，使企业的内部管理标准化，大大提高各生产部门的效率；具有广泛兼容性，以微软Windows视窗操作系统为平台；拥有多种数据显示光源，A、C、D_{50}、D_{65}、CWF、TL_{84}、U_{30}、F等和2度、10度两种标准观察者数据，提供符合国际CIE标准的颜色数据，L、a、b、c、h、DE、DEcmc、DH等。

③ MonacoPROFILER色彩管理软件。MonacoPROFILER色彩管理软件是专业lCC生成软件，带中文界面；为专业用户提供强大编辑功能；支持多达八色ICC特性档案生成（包含PANTONE、HEXACHROME）。MonacoPROFILER软件是最完整的解决方案，包括任何工作流程的精确色彩管理，同时具有完整的ICC特性文件创建和编辑能力。采用输出设备数字打样，模拟最终印刷色彩效果；黑色生成、纸张色彩中性化灰高级油墨限制，能创建高品质色彩特性文件。

④ Eye-One色彩管理系统。Eye-One是一套专业、易用、价格适中的完全色彩管理系统。

Eye-One Pro分光光度仪除了能进行显示器校正，配合相应的软件进行打印机、印刷机、数字投影仪、扫描仪或数码相机的色彩管理外，还可测量闪光灯和连续光源的环境光，帮助用户得到包含环境光的更准确的ICC特性文件，适用于广告设计、摄影、印前制作等行业。

（4）高术科技 BlackMagic数字打样色彩管理软件　BlackMagic接收各种RIP后的数据与网络文件，并支持任何一款数字打样设备，能够得到与印刷品一样挂网的真网点打样稿，BlackMagic同时具备先进的色彩管理技术，并支持专色打样，支持各种加网模式和打印机群组工作，它通过与DIP或CTP的组合，保证了设计、打样、制版、印刷全过程的色彩一致。

第二章

计算机网络基础

学习目标　能提出计算机制版系统局域网的配置要求；能对新设备进行测试验收。

相关知识

一、计算机网络应用知识

（一）计算机网络简介

1. 计算机网络的产生与发展

计算机网络是计算机技术与通信技术紧密结合的产物，它涉及通信与计算机两个方面。它的诞生使计算机体系结构发生了巨大变化，在当今社会中起着非常重要的作用，对人类社会的进步作出了巨大贡献。从某种意义上讲，计算机网络的发展水平不仅反映一个国家的计算机科学和通信技术水平，而且已经成为衡量其国力及现代化程度的重要标志之一。纵观计算机网络的发展历史可以发现，计算机网络发展与其他事物的发展一样，也经历了从简单到复杂、从低级到高级、从单机到多机的过程，大体上可以分为5个时期。在这期间，计算机技术和通信技术紧密结合、相互促进、共同发展，最终产生了今天的Internet。

（1）面向终端的通信网络阶段　1946年，世界上第一台电子计算机ENIAC（Electronic Numerical Integrator and Computer）诞生，随着半导体技术、磁记录技术的发展和计算机软件的研发，在计算机应用过程中大量复杂的信息需要收集、交换和加工。特别是在20世纪50年代中期至60年代末期，计算机技术与通信技术初步结合，形成了计算机网络的雏形——面向终端的计算机网络。最典型的代表是美国航空公司使用的由一台中心计算机和全美范围内2000多个终端组成的机票预订系统。这种由一台中央主机通过通信线路连接大量的地理上分散的终端，构成面向终端的通信网络，也称远程联机系统。

远程联机系统最突出的特点是终端无独立的处理能力，单向共享主机的资源（硬件、软件），所以称为面向终端的计算机网络。这种网络结构属集中控制方式，可靠性低。

（2）计算机网络阶段　随着计算机应用的发展及计算机的普及和价格的降低，在20世纪60年代中期出现了多台计算机通过通信系统互连的系统，开创了"计算机–计算机"通信时代，这样分布在不同地点且具有独立功能的计算机就可以通过通信线路，彼此之间交换数据、传递信息。

第二代计算机网络的主要特点是资源的多向共享、分散控制、分组交换，采用专门的通信控制处理机、分层的网络协议。这些特点往往被认为是现代计算机网络的典型特征，但是这个时期的网络产品彼此之间是相互独立的，没有统一标准。

（3）计算机网络互联阶段 1984年，国际标准化组织ISO（International Organization for Standardization，ISO）正式制定并颁布了开放系统互联参考模型（Open Systems Interconnection Reference Model，OSIRM），即著名的OSI七层模型。OSIRM已被国际社会所公认，成为研究和制定新一代计算机网络标准的基础。从此，网络产品有了统一标准，促进了企业的竞争，大大加速了计算机网络的发展，并使各种不同的网络互联、互相通信成为现实，实现了更大范围内的计算机资源共享。

（4）Internet与高速网络阶段 目前计算机网络的发展正处于第四阶段。这一阶段计算机网络发展的特点是互联、高速、智能与更为广泛的应用。Internet是覆盖全球的信息基础设施之一，用户可以利用Internet实现全球范围的信息传输、信息查询、电子邮件、语音与图像通信服务等功能。

［小知识］：Internet和internet的区别

以小写字母i开头的internet（互联网）是一个通用名词，它泛指由多个计算机网络互联而成的网络。

以大写字母I开头的Internet（因特网）则是一个专用名词，它指当前全球最大的、开放的、由众多网络相互连接而成的特定计算机网络，它采用TCP/IP（Transmission Control Protocol/Internet Protocol，传输控制协议/网际协议）协议族作为通信的规则，且其前身是美国的ARPANET。

（5）云计算和物联网阶段

① 云计算。云计算（Cloud Computing）最早是由谷歌公司提出的。它基于互联网相关服务的增加、使用和交付模式，通常涉及通过互联网来提供动态易扩展且经常是虚拟化的资源。美国国家标准与技术研究院（National Institute of Standards and Technology，NIST）定义：云计算是一种按使用量付费的模式，这种模式提供可用的、便捷的、按需的网络访问，进入可配置的计算资源共享池（资源包括网络、服务器、存储、应用软件、服务），这些资源能够被快速提供，只需投入很少的管理工作或与服务供应商进行很少的交互。

目前被普遍接受的云计算的特点如下。

a. 超大规模。"云"具有相当大的规模，谷歌云计算已经拥有100多万台服务器，Amazon，IBM、微软、Yahoo等的"云"均拥有几十万台服务器。企业私有云一般拥有数百上千台服务器，"云"能赋予用户前所未有的计算能力。

b. 虚拟化。云计算支持用户在任意位置、使用各种终端获取应用服务。所请求的资源来自"云"，而不是固定有形的实体。应用在"云"中某处运行，但实际上用户无须了解、也不用担心应用运行的具体位置。只需要一台笔记本式计算机或一个手机，就可以通过网络服务来实现人们需要的一切，甚至包括超级计算这样的任务。

c. 高可靠性。"云"使用了数据多副本容错、计算节点同构可互换等措施来保障服务的高可靠性，使用云计算比使用本地计算机可靠。

d. 通用性。云计算不针对特定的应用，在"云"的支撑下可以构造出千变万化的应用，同一个"云"可以同时支撑不同的应用运行。

e. 高可扩展性。"云"的规模可以动态伸缩，满足应用和用户规模增长的需要。

f. 按需服务。"云"是一个庞大的资源池，可按需购买；"云"可以像自来水、电、煤气那样计费。

g. 极其廉价。由于"云"的特殊容错措施可以采用极其廉价的节点来构成云，"云"的自动化集中式管理使大量企业无须负担日益高昂的数据中心管理成本，"云"的通用性使资源的利用率较之传统系统大幅提升，因此用户可以充分享受"云"的低成本优势，经常只要花费几百美元、几天时间就能完成以前需要数万美元、数月时间才能完成的任务。

h. 潜在的危险性。云计算服务除了提供计算服务外，还提供存储服务。但是云计算服务当前垄断在私人机构（企业）手中，而他们仅仅能够提供商业信用。政府机构、商业机构（特别像银行这样持有敏感数据的商业机构）选择云计算服务时，应保持足够的警惕。云计算中的数据对于数据所有者以外的其他云计算用户是保密的，但是对于提供云计算的商业机构而言却是透明的。所有这些潜在的危险是商业机构和政府机构选择云计算服务，特别是国外机构提供的云计算服务时，不得不考虑的一个重要前提。

② 物联网。物联网（Internet of Things，IoT）最早是由麻省理工学院专家于1999年提出的，它是新一代信息技术的重要组成部分，也是"信息化"时代的重要发展阶段。顾名思义，物联网就是物物相连的互联网。这有两层意思：其一，物联网的核心和基础仍然是互联网，是在互联网基础上延伸和扩展的网络；其二，其用户端延伸和扩展到了任何物品与物品之间进行信息交换和通信，也就是物物相联。物联网通过智能感知、识别技术与普适计算等通信感知技术，广泛应用于网络的融合中，也因此被称为继计算机、互联网之后世界信息产业发展的第三次浪潮。

利用局部网络或互联网等通信技术把传感器、控制器、机器、人员和物等通过新的方式连接在一起，形成人与物、物与物相连，实现信息化、远程管理控制和智能化的网络。物联网是互联网的延伸，它包括互联网及互联网上所有的资源，兼容互联网所有的应用，但物联网中所有的元素（所有的设备、资源及通信等）都是个性化和私有化的。

2. 计算机网络的基本概念

（1）计算机网络的定义　计算机网络技术是随着现代通信技术和计算机技术的高速发展、密切结合而产生和发展起来的，将几台计算机连接在一起，就可以建立一个简单的网络。如何定义一个网络，多年来一直没有严格的定义和统一，比较通用的定义是计算机网络是指把分布在不同地理区域的计算机与专门的外部设备用通信线路互联成一个规模大、功能强的网络系统，以功能完善的网络软件及协议使众多的计算机可以方便地互相传递信息、共享硬件、软件、数据信息等资源。

计算机网络主要包含4个方面的内容：连接对象、连接介质、连接的控制机制和连接方式。连接对象主要指各种类型的计算机或其他数据终端设备；连接介质主要指双绞线、同轴电缆、光纤、微波等通信线和网桥、网关、中继器、路由器等通信设备；连接的控制机制主要指网络协议和各种网络软件；连接方式主要指网络所采用的拓扑结构，如星型、环型、总线型和网状型等。

（2）通信子网和资源子网　计算机网络系统在逻辑功能上可分成两个子网：通信子网和资源子网。通信子网提供数据通信的能力，资源子网提供网络上的资源及访问能力。

① 通信子网。通信子网由通信控制处理机（Communication Control Processor，CCP）、通信线路和其他网络通信设备组成，它主要承担全网的数据传输、转发、加工、转换等通信处理工作。

通信控制处理机在网络拓扑结构中通常被称为网络节点。其主要功能一是作为主机和网络的接口，负责管理和收发主机和网络所交换的信息；二是作为发送信息、接收信息、交换信息和转发信息的通信设备，负责接收其他网络节点送来的信息，并选择一条合适的通信线路发送出去，完成信息的交换和转发功能。

通信线路是网络节点间信息传输的通道，通信线路的传输媒体主要有双绞线、同轴电缆、光纤、无线电、微波等。

② 资源子网。资源子网主要负责全网的数据处理业务，向全网用户提供所需的网络资源和网络服务，主要由主机、终端、终端控制器、联网外设及软件资源和信息资源等组成。

主机是资源子网的重要组成部分，既可以是大型机、中型机、小型机，也可是局域网中的微型计算机，它是软件资源和信息资源的拥有者，一般通过高速线路和通信子网中的节点相连。终端是直接面向用户的交互设备，可以是交互终端、显示终端、智能终端、图形终端等。

3. 计算机网络的助能

计算机网络与通信技术的不断结合与发展，可以使个人计算机不仅同时处理文字、数据、图像、视频等信息，还可以将这些信息通过四通八达的网络及时与全国乃至全世界的信息进行交换。计算机网络的功能主要有以下几点。

（1）数据通信　数据通信是计算机网络最基本的功能，它为网络用户提供了强有力的通信手段。计算机网络的其他功能都是在数据通信功能的基础上实现的，如发送电子邮件、远程登录、联机会议等。

（2）资源共享　资源共享包括硬件、软件和信息资源的共享，它是计算机网络最有吸引力的功能。资源共享是指网上用户能够部分或全部使用计算机网络资源，使计算机网络中的资源互通，从而大大地提高各种硬件、软件和信息资源的利用率。

（3）远程传输　计算机已经由科学计算向数据处理方面发展、由单机向网络方面发展，且发展的速度很快。分布在很远的地方的用户也可以互相传输数据信息、互相交流、协同工作。

（4）集中管理　计算机网络技术的发展和应用已使现代办公、经营管理等发生了很大的变化。目前，已经有了许多MIS（Management Information System）、OA（Office Automation）系统等，通过这些系统可以实现日常工作的集中管理，提高工作效率，增加经济效益。

（5）实现分布式处理　网络技术的发展，使分布式计算成为可能。对于大型的课题，可以分为许许多多的小题目，由不同的计算机分别完成，然后集中起来解决问题。

（6）负载平衡　负载平衡是指工作被均匀地分配给网络上的各台计算机。网络控制中心负责分配和检测，当某台计算机负载过重时，系统会自动转移部分工作到负载较轻的计算机中去处理。

（7）提高可靠性　计算机系统可靠性的提高主要表现在，计算机网络中的每台计算机都可以依赖计算机网络相互成为后备机，一旦某台计算机出现故障，其他的计算机可以马上承担起原先由该故障机所担负的任务，避免了系统的瘫痪，从而提高了计算机系统的可靠性。

4. 我国三大网络

当前，在我国通信、广播电视领域及计算机信息产业中，实际运行并具有影响力的有三大网络：电信网络、广播电视网络和计算机网络。

（1）电信网络　电信网是以电话网为基础逐步发展起来的。电话系统主要由本地网络、干线和交换局3个部件组成。

以前整个电话系统中传输的信号都是模拟的，现在所有的干线和交换设备几乎都是数字的，仅剩下本地回路仍然是模拟的。这种特性使数字传输比模拟传输更加可靠，而且维护更加方便，成本更低。

电信业务除了传统的公众电话交换网（Public Switched Telephone Network，PSTN）之外，还有数字数据网（Digital Data Network，DDN）帧中继网（Frame Relaying Network，FRN）和异步传输模式网（Asynchronous Transfer Mode，ATM）等。在数字数据网中，它可提供固定或半永久连接的电路交换业务，适合提供实时多媒体通信业务。在帧中继网中，是以统计复用技术为基础，进行包传输、包交换，速率一般在64b/s～2.048Mb/s，适合提供非实时多媒体通信业务。在异步传输模式网中，异步传输模式网是支持高速数据网建设、运行的关键设备，可支持25Mb/s～4Gb/s数据的高速传输，不仅可以传输语音，还可以传输图像，包括静态图像和活动影像。

电信网除上述几种网络外，还有X.25公共数据网、综合业务数字网（Integrated Service Digital Network，ISDN）及中国公用计算机互联网（Chinanet）等。

（2）广播电视网络　广播电视网主要是指有线电视网（Cable Television Network，CATV），目前还是靠同轴电缆向用户传送电视节目，处于模拟水平阶段。但其网络技术设备先进，主干网采用光纤，贯通各城镇。

混合光纤同轴电缆（Hybrid Fiber Cable，HFC）入户与电话接入方式相比，其优点是传输带宽约为电话线的一万倍，而且在有线电视同一根同轴电缆上，用户可以同时看电视、打电话、上网，且互不干扰。

广播电视网的信息源是以单向实时及一点对多点的方式连接到众多用户的，用户只能被动地选择是否接收（主要是语音和图像）。

利用混合光纤同轴电缆进行电视点播（Video On Demand，VOD）及通过有线电视网接入Internet进行电视点播、通话等是有线电视网的主要功能。它的主要业务除了广播电视传输之外，还包括电视点播、远程电视教育、远程医疗、电视会议、电视电话和电视购物等。

（3）计算机网络　计算机网络初期主要是局域网，广域网是在Internet大规模发展后才进入平常家庭的，目前主要依赖于电信网，因此传输速率受到一定的限制。

在计算机网中，用户之间的连接可以是一对一的，也可以是一对多的，相互间的通信既有实时，也有非实时。但在大多数情况下是非实时的，采用的是存储转发方式。

计算机网络提供的主要业务有文件共享、信息浏览、电子邮件、网络电话、视频点播、FTP文件下载和网上会议等。

"三网合一"是指把现有的传统电信网、广播电视网和计算机网互相融合，逐渐形成一个统一的网络系统，由一个全数字化的网络设施来支持包括数据、语音和图像在内的所有业务的通信。目前，"三网合一"逐渐成了热门的话题之一，这也是现代通信和计算机网络发展的大趋势。

（二）计算机网络的分类

由于计算机网络的广泛应用，世界上已出现了多种形态的网络，对网络的分类方法也有很多。从不同的角度观察、划分网络，有利于全面了解计算机网络的各种特性。

1. 按网络的覆盖范围分类

根据计算机网络覆盖的地理范围、信息的传递速率及应用目的，计算机网络可分为局域网、广域网、城域网和互联网。

（1）局域网（Local Area Network，LAN）　局域网一般用微型计算机通过高速通信线路相连，其数据传输速率较快（通常在10Mb/s以上）。但其覆盖范围有限，是一个小的地理区域（办公室、大楼或方圆几千米内的地域）内的专用网络。局域网的目的是将个别计算机、外围设备和计算机系统连接成一个数据共享集体，用软件控制网上用户之间的相互联系和信息传输。

（2）广域网（Wide Area Network，WAN）　广域网是远距离、大范围的计算机网络，覆盖范围一般是几百千米到几千千米的广阔地理区域，其主要作用是实现远距离计算机之间的数据传输和信息共享，并且通信线路大多是租用公用通信网络（如公众电话交换网）。广域网上的信息量非常大，共享的信息资源极为丰富，但数据的传输速率较低，比局域网更容易发生传输差错。

（3）城域网（Metropolitan Area Network，MAN）　城域网的覆盖范围介于局域网和广域网之间，它可能是覆盖一组邻近的公司、办公室，也可能是覆盖一座城市，地理范围一般为几千米到几十千米。城域网通常使用与局域网相似的技术。

（4）互联网（Internet）　Internet并不是一种具体的网络技术，它是将同类和不同类的物理网络（局域网、广域网、城域网）通过某种协议互联起来的一种高层技术。不同类型网络之间的比较如表5-2-1所示。

2. 按传输介质分类

（1）有线网　有线网是采用同轴电缆或双绞线连接的计算机网络。同轴电缆网是常见的一种联网方式，它经济实惠、安装便利、传输率和抗干扰能力一般，且传输距离较短。双绞线网是目前最常见的联网方式，它价格便宜、安装方便，但易受干扰，且传输率较低。

表5-2-1　不同类型网络之间的比较

网络种类	覆盖范围	分布距离
局域网	房间	10m
	建筑物	100m
	校园	1~10km
广域网	国家	100km以上
城域网	城市	10~100km
互联网	洲或洲际	1000km以上

（2）光纤网　光纤网也是有线网的一种，但由于其特殊性而单独列出。光纤网采用光导纤维作为传输介质。光纤传输距离长、传输率高（可达数千兆）、抗干扰性强，不会受到电子监听设备的监听，是高安全性网络的理想选择。但其成本较高，且需要高水平的安装技术。

（3）无线网　无线网用电磁波作为载体来传输数据，但由于联网方式灵活方便，是一种很有前途的联网方式。局域网通常采用单一的传输介质，而城域网和广域网则采用多种传输介质。

3．按交换方式分类

线路交换最早出现在电话系统中，早期的计算机网络就是采用此方式来传输数据的，数字信号经过变换成为模拟信号后才能联机传输。

（1）报文交换　报文交换是一种数字化网络。当通信开始时，源机发出的一个报文被存储在交换机里，交换机根据报文的目的地址选择合适的路径发送报文，这种方式被称为存储-转发方式。

（2）分组交换　分组交换也采用报文传输，但它不是以不定长的报文作为传输的基本单位，而是将一个长的报文划分为许多定长的报文分组，以分组作为传输的基本单位。这不仅大大简化了对计算机存储器的管理，而且也加速了信息在网络中的传播速度。由于分组交换优于线路交换和报文交换，且具有许多优点。因此，它已成为计算机网络中传输数据的主要方式。

4．按逻辑分类

（1）通信子网　面向通信控制和通信处理，主要包括通信控制处理机、网络控制中心、分组组装/拆卸设备、网关等。

（2）资源子网　负责全网面向应用的数据处理，实现网络资源的共享。它由各种拥有资源的用户主机和软件（网络操作系统和网络数据库等）所组成，主要包括主机、终端设备、网络操作系统、网络数据库。

5．按通信方式分类

（1）点对点传输网络　数据以点到点的方式在计算机或通信设备中传输。星型网、环型网采用这种传输方式。

（2）广播式传输网络　数据在公用介质中传输。无线网和总线型网络属于这种类型。

6. 按服务方式分类

（1）客户机/服务器网络　服务器是指专门提供服务的高性能计算机或专用设备，客户机是指用户计算机。这是由客户机向服务器发出请求并获得服务的一种网络形式，多台客户机可以共享服务器提供的各种资源。这是最常用、最重要的一种网络类型，不仅适合于同类计算机联网，也适合于不同类型的计算机联网，如PC（Personal Computer，个人计算机）、Mac的混合联网。这种网络安全性容易得到保证，计算机的权限、优先级易于控制，监控容易实现，网络管理能够规范化。网络性能在很大程度上取决于服务器的性能和客户机的数量。目前，针对这类网络有很多优化性能的服务器，它们被称为专用服务器。银行、证券公司也都采用这种类型的网络。

（2）对等网　对等网不要求专用服务器，每台客户机都可以与其他客户机对话，共享彼此的信息资源和硬件资源，组网的计算机一般类型相同。这种组网方式灵活方便，但是较难实现集中管理与监控，安全性也低，较适合作为部门内部协同工作的小型网络。

（三）计算机网络结构

网络拓扑结构是指用传输介质互连各种设备的物理布局。它将工作站、服务器等网络单元抽象为"点"，网络中的通信介质抽象为"线"，从而抽象出网络系统的具体结构。

常见的计算机网络的拓扑结构有星型、环型、总线型、树型和网状型。

（1）星型拓扑网络　各节点通过点到点的链路与中央节点连接。中央节点可以是转接中心，起到连通的作用；也可以是一台主机，此时具有数据处理和转接的功能。

优点：很容易在网络中增加和移动节点，容易实现数据的安全性和优先级控制。

缺点：属于集中控制，对中央节点的依赖性较大，一旦中夹节点有故障就会引起整个网络瘫痪。

（2）环型拓扑网络　节点通过点到点通信线路连接成闭合环路，环中数据将沿一个方向单向传送。环型网络结构简单，传输延时确定，但是环中某一个节点或节点与节点之间的通信线路出现故障，都会造成网络瘫痪。环型网络中，网络节点的增加和移动及环路的维护和管理都比较复杂。

（3）总线型拓扑网络　所有节点共享一条数据通道，一个节点发出的信息可以被网络上的每个节点接收。由于多个节点连接到一条公用信道上，所以必须采取某种方法分配信道，以决定哪个节点可以优先发送数据。

优点：网络结构简单、安装方便、成本低，并且某个站点自身的故障一般不会影响整个网络。

缺点：实时性较差，总线上的故障会导致全网瘫痪。

（4）树型拓扑网络　在树型拓扑结构中，网络的各节点形成了一个层次化的结构，树中的各个节点通常都为主机。树中低层主机的功能和应用有关，一般都具有明确定义的功能，如数据采集、变换等；高层主机具备通用的功能，以便协调系统的工作，如数据处理、命令执行等。

若树型拓扑结构只有两层，则变成了星型结构，因此，树型拓扑结构可以看作是星型拓扑结构的扩展结构。

（5）网状型拓扑网络　节点之间的连接是任意的，没有规律。

其主要优点是可靠性高，但结构复杂，必须采用路由选择算法和流量控制方法。广域网基本上都是采用网状型拓扑结构。

1. 网络体系结构及协议

计算机网络系统作为一种十分复杂的系统，如何从整体上描述计算机网络的实现框架，形成各方共同遵守的一致性参照标准，尽可能透明地为用户提供各种通信和资源共享服务，同时又能使不同厂商各自开发和生产的产品相互兼容成为一个必须解决的核心问题。网络体系结构要解决的问题是如何构建网络的结构，以及如何根据网络结构来制定网络通信的规范和标准。计算机网络体系结构是分析、研究和实现当代计算机网络的基础，具有一般指导性的原则，也是贯穿计算机网络整个学科内容的一根主线。

计算机网络系统要完成复杂的各种功能，不可能只制定一个规则就能描述所有问题。实践证明，最好的办法就是采用分层结构则解决复杂的计算机网络系统的第一个关键问题就是分层次问题。

计算机网络最基本的功能就是资源共享、信息交换。为了实现这些功能，网络中各实体之间经常要进行各种通信和对话。这些通信实体的情况千差万别，如果没有统一的约定，就好比一个城市的交通系统没有任何交通规则，可各行其是，其结果肯定是乱作一团。人们常把国际互联网络称为信息高速公路，要想在上面实现共享资源、交换信息，必须遵循一些事先制定好的规则和标准，这就是协议。

计算机网络中，协议的定义是计算机网络中实体之间的有关通信规则约定的集合。

协议有语法、语义和时序3个要素。

① 语法。数据与控制信息的格式、数据编码等，它确定了通信时采用的数据格式、编码和信号电平等。

② 语义。控制信息的内容，需要做出的动作及响应等。

③ 时序。事件先后顺序和速度匹配。

由此可见，网络协议是计算机网络的核心，是计算机网络不可或缺的组成部分。

2. 开放系统互联参考模型

虽然网络体系结构在20世纪年代后期得到了蓬勃发展，但这些网络结构都是以自己公司的产品为对象，不具备与其他公司网络结构的兼容性。随着网络的不断发展，强烈需要有一个国际标准。开放系统互连（Open System Interconnection，OSI）参考模型是一个标准化开放式计算机通信网络层次结构模型。"开放"表示任何两个遵守OSI参考模型的系统都可以进行互联，当一个系统能按OSI参考模型与另一个系统进行通信时，就称该系统为开放系统。系统之间的相互作用只涉及系统外部行为，而与系统内部的结构和功能无关。

（1）OSI参考模型的层次结构　OSI参考模型最大的特点是开放性：不同厂家的网络产品只要遵照这个参考模型，就可以实现互联、互操作和可移植性；也就是说，任何遵循OSI

参考模型的系统，只要物理上连接起来，它们之间都可以互相通信。OSI参考模型定义了开放系统的层次结构和各层所提供的服务。OSI参考模型的一个成功之处在于，它清晰地分开了服务、接口和协议这3个容易混淆的概念：服务描述了每一层的功能，接口定义了某层提供的服务如何被高层访问，而协议是每一层功能的实现方法，通过区分这些抽象概念，OSI参考模型将功能定义与实现细节区分开来，概括性高，使其具有普遍的适应能力。

OSI参考模型将网络的不同功能划分为7层，自底向上的7个层次分别是物理层、数据链路层、网络层、传输层、会话层、表示层和应用层。ISO参考模型划分7个层次结构的基本原则：网络中各节点都具有相同的层次；不同节点的同等层具有相同的功能；同一节点内相邻层之间通过接口通信；每一层可以使用下层提供的服务，并向其上层提供服务；不同节点的同等层通过协议来实现对等层之间的通信。

（2）OSI参考模型各层的功能

① 物理层。物理层是OSI参考模型的最低层，是网络物理设备之间的接口，它的任务是为它的上一层（数据链路层）提供一个物理连接，以便透明地传送比特流。"透明地传送比特流"是标志经实际电路传送后的比特流没有发生变化，物理层好像是透明的，对其中的传送内容不会有任何影响，任意的比特流都可以在这个电路上传送。

物理层主要提供的服务：物理连接服务，数据单元顺序化（接收物理实体收到的比特顺序，与发送物理实体所发送的比特顺序相同），数据电路标志，故障情况报告与服务质量指标。

物理层利用传输介质为通信的网络节点之间建立、管理和释放物理连接，实现比特流的透明传输，为数据链路层提供数据传输服务。

② 数据链路层。数据链路层的主要功能是在物理层提供的比特服务基础上，在相邻节点之间提供简单的通信链路，传输以帧为单位的数据，另外它还有数据链路的流量控制、差错检测和使用MAC（Media Access Control）地址访问介质的功能。

数据链路层的主要任务是加强物理层传输原始比特的功能，使之对网络层呈现一条无差错线路，数据链路层的简单通信链路是建立在物理层的比特流传输服务基础上的，物理层提供的比特流服务由于机械、电气等原因，难免有各种各样的错误，如将"0""1"颠倒，丢失一个"0"或"1"，或者因为信号干扰而多出一位数字。数据链路层要将不可靠的物理传输信道处理为可靠的信道。因此，本层要提供一定的差错检验和纠正机制，而这些功能都是以成帧为前提的。发送方将若干比特的数据组成一组，加上"开始""结束"标志和检错代码等，形成有固定格式的数据帧。接收者收到该数据帧后检查帧尾部的帧检验序列（Frame Check Sequence，FCS），判断传输过程是否有错误发生（差错检测）。若有错误发生便会放弃此帧，重传该数据帧（有些数据链路层协议有实现差错恢复功能，有些没有）。

流量控制也是数据链路层的重要功能，防止高速发送方的数据把低速接收方"淹没"。流量控制通过限制发送者的发送速度，或者对发送者的发送数据进行缓存，当接收者有能力的时候再接收。

③ 网络层。网络层是以数据链路层提供的无差错传输为基础，为实现源数据通信设备和目标数据通信设备之间的通信而建立、维持和终止网络连接，并通过网络连接交换网络服

务数据单元。它主要解决数据传输单元分组在通信子网中的路由选择、拥塞控制问题，以及多个网络互联的问题。

网络层通过路由选择算法为分组通过通信子网选择最适当的路径，为数据在节点之间传输创建逻辑链路，实现拥塞控制、网络互联等功能。它能够提供数据报服务和虚电路服务。数据报服务不需要建立连接、采用全网地址、要求路由选择，数据报不能按序到达目标，对故障的适应性强；虚电路服务要求先建立连接、采用全网地址、路由选择、按序到达，可靠性较高，适用于交互式作用。

④ 传输层。传输层是资源子网与通信子网的界面与桥梁，它完成资源子网中两节点间的逻辑通信，实现通信子网中端到端的透明传输。传输层的任务是向用户提供可靠的、透明的端到端的数据传输，以及流量控制机制和差错控制机制；它屏蔽各类通信子网的差异，使上层不受通信子网技术变化的影响，即会话层、表示层、应用层的设计不必考虑底层硬件细节，因此它的作用十分重要。

传输层是真正的从源到目标"端到端"的层。也就是说，源端机上的某程序，利用报文头和控制报文与目标机上的类似程序进行对话。在传输层以下的各层中，其协议是每台机器和它直接相邻的机器间的协议，而不是最终的源端机与目标机之间的协议，在它们中间可能还有多个路由器。

传输层要决定为会话层用户（最终对网络用户）提供什么样的服务，采用哪种服务是在建立连接时确定的。最流行的传输连接是一条无差错的、按发送顺序传输报文或字节的点到点的信道。但是，还有的传输服务是不能保证传输次序的独立报文传输和多目标报文广播。

传输层为用户提供可靠的端到端服务，处理数据包错误、数据包次序，以及其他一些关键传输问题，并且对高层屏蔽下层数据通信的细节，这是计算机通信体系结构中关键的一层。

⑤ 会话层。会话层的主要功能是在不同机器之间提供会话进程的通信，如建立、管理和拆除会话进程（会话是指为完成一项任务而进行的一系列相关信息交换）。会话层允许进行类似传输层的普通数据的传输，另外它还提供了许多增值服务。例如，物理层交互式对话管理，允许一路交互、两路交换和两路同时会话，类似于数据通信里的单工、半双工和全双工方式；管理用户登录远程分时系统；在两机器之间传输文件进行同步控制（解决失败后从哪里重新开始的问题），即在数据流中插入检查点，每次网络崩溃后，仅需要重传最后一个检查点后的数据。

⑥ 表示层。表示层的功能是处理通信进程之间交换数据的表示方法，包括语法转换、数据格式转换、加密与解密，加/减压缩。值得一提的是，表示层以下的各层只关心传输比特流的可靠性，而表示层关心的是所传输的信息的语法和语义。

表示层服务的一个典型例子是用一种大家都认可的标准方法对数据编码。大多数用户程序之间不是交换随机的比特流，而是诸如人名、日期、货币数量和发票之类的信息。这些对象用字符串、整型、浮点数的形式，以及由几种简单类型组成的数据结构来表示的。不同的机器由不同的代码来表示字符串（如ASCII和Unicode）、整型（如二进制反码和二进制补码）等。为了让采用不同表示法的计算机之间能进行通信，交换中使用的数据结构可以用抽象的方式来定义，并且使用标准的编码方式。表示层管理这些抽象数据结构，并且在计算机内部表示法和网络的标准表示法之间进行转换。

⑦ 应用层。应用层是OSI参考模型的最高层，是直接面向用户的一层，是计算机网络与最终用户之间的界面，底层所有协议的最终目的都是为应用层提供可靠的传输手段。我们日常使用的电子邮件程序、文件传输、WWW浏览器、多媒体传输都属于应用层的范畴。应用层常见的协议有远程登录协议（TELNET Protocol），文件传输协议（File Transfer Protocol，FTP）、超文本传输协议（Hyper Text Transfer Protocol，HTTP）、域名服务（Domain Name Service，DNS）、简单邮件传输协议（Simple Mail Transfer Protocol，SMTP）等。从功能划分看，OSI参考模型下面的6层协议解决了支持网络服务功能所需的通信和表示问题，而应用层则提供完成特定网络服务功能所需的各种应用协议。应用层负责管理应用程序之间的通信，它为用户的应用程序访问OSI环境提供手段，即作为用户使用OSI功能的唯一窗口。

应用层为应用程序提供了网络服务，它需要识别并保证通信对方的可用性，使协同工作的应用程序之间同步，并建立传输错误纠正与保证数据完整性的控制机制。

从图5-2-1可知，数据传输的过程实际上就是封包解包的过程。发送进程有些数据要发送给接收进程，数据首先要经过本系统的应用层，应用层在数据前面加上自己的标志信息（头信息）AH，再把结果交给表示层。表示层并不知道也不应该知道应用层给它的数据哪一部分是真正的用户数据，而是把它们当成一个整体看待。表示层也在数据部分前面加上自己的头信息PH，传送到会话层，并作为会话层的数据部分。这个过程一直进行到数据链路层，数据链路层除了增加DH以外，还要增加一个尾DT，然后整个作为数据部分传送到物理层。

物理层不再增加头/尾信息，而是直接将二进制数据通过物理介质发送到目的节点的物理层。在目的节点里，当信息向上传递时，各种头信息被一层一层地剥去。最后原始用户数据到达接收进程。

整个过程中的最关键的概念是，虽然数据的实际传输方向是垂直的，但每一层在编程时却好像数据一直是水平传输的。例如，当发送方的传输层从会话层得到报文时，它加上一个传输层头信息，并把报文发送给接收方的传输层。从发送方传输层的观点来看，实际上它必须把报文传给本机内的网络层。

3．TCP/IP参考模型

（1）TCP/IP体系结构　OSI参考模型自推出之日起，就以网络体系结构蓝本的面目出现，而且在短短的时间内也确实起到了它应起的作用。但除了OSI参考模型外，市场上还流行着一些其他著名的体系结构。特别是早在ARPANET中就使用的TCP/IP体系，虽然当时不是国际标准，但由于它的简捷、高效，更由于Internet的流行使遵循TCP/IP协议的产品大量涌入市场，TCP/IP协议目前已成为事实上的国际标准。

TCP/IP体系结构中包含了一族网络协议（TCP/IP协议族），它包括ARP、IP、ICMP、IGMP、UDP、TCP等多个协议的集合，TCP和IP是其中最重要的两个协议。

（2）TCP/IP的层次　TCP/IP协议与OSI参考模型有着较大的区别。

TCP/IP结构由网络接口层、互联网层、传输层和应用层4个层次组成。

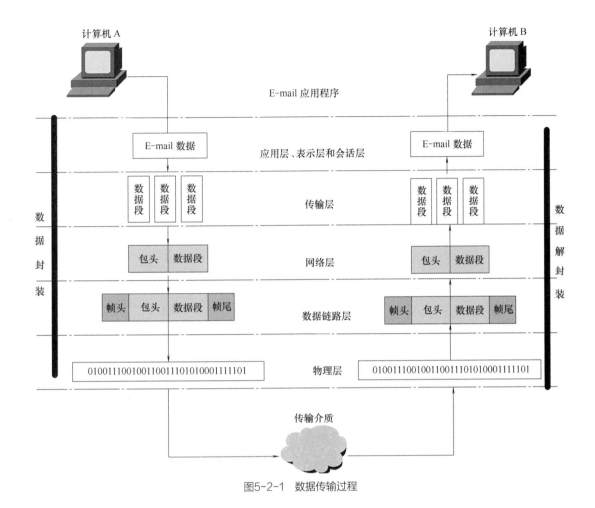

图5-2-1　数据传输过程

① 网络接口层。网络接口层，在TCP/IP参考模型中并没有详细定义这一层的功能，只是指出通信主机必须采用某种协议连接到网络上并且能够传输网络数据分组。具体使用哪种协议，在本层里没有规定。实际上根据主机网络拓扑结构的不同，局域网基本上采用了802系列的协议，如802.3以太网协议、802.5令牌环网协议；广域网较常采用的协议有帧中继（FrameRelay）、X.25等。

② 互联网层。互联网层的主要功能是使主机可以把分组发给任何网络并使分组独立地传向目标（可能经由不同的网络），互联网层与OSI参考模型的网络层相对应，相当于OSI参考模型中网络层的无连接网络服务。

互联网层是TCP/IP参考模型中最重要的一层，它是通信的枢纽，从底层来的数据包需要它来选择继续传给其他网络节点或是直接交给传输层，对从传输层来的数据包，要负责按照数据分组的格式填充包头，选择发送路径，并交由相应的线路发送出去。

在互联网层，主要定义了互联协议及数据分组的格式。其中IP（Internet Protocol）为网际协议，ICMP（Internet Control Message Protocol）为因特网控制消息协议，ARP（Address Resolution Protocol）为地址解析协议，RARP（Reverse Address Resolution Protocol）为反向地

址解析协议，IGMP（Internet Group Management Protocol）为Internet组管理协议。本层的主要功能是路由选择和拥塞控制。

③ 传输层。和OSI的传输层一样，它的主要功能是负责端到端的对等实体之间进行通信，也对高层屏蔽了底层网络的实现细节，同时它真正实现了源主机到目的主机的端到端的通信。

TCP/IP的传输层定义了两个协议：TCP和UDP。TCP协议是面向连接的可靠的传输协议；UDP协议是无连接的、不可靠的传输协议。下面的章节将对TCP和UDP协议作详细介绍。总而言之，需要可靠数据传输保证的应用应选用TCP协议；相反，对数据精确度要求不是太高，而对速度、效率要求很高的环境如声音、视频的传输，应选用UDP协议。

④ 应用层。应用层包括所有和应用程序协同工作，利用基础网络交换应用程序专用的数据协议，如HTTP协议、FTP协议等。

（四）IP地址介绍

1.IP地址的表示方法

IP地址的表示方法：IP地址=网络号+主机号。

如果把整个Internet作为一个单一的网络，IP地址就是给每个连在Internet的主机分配一个全世界范围内唯一的标识符Internet管理委员会定义了A、B、C、D、E五类地址，在每类地址中，还规定了网络号和主机号，如图5-2-2所示。在TCP/IP协议中，IP地址是以二进制数字形式出现的，共32bit，1bit就是二进制中的1位，但这种形式非常不适用于人阅读和记忆。因此Internet管理委员会决定采用一种"点分十进制表示法"来表示IP地址，即由4段构成的32bit的IP地址被直观地表示为4个以圆点隔开的十进制整数，其中，每一个整数对应一个字节（8个bit为一字节，称为一段）。A、B、C类最常用，重点介绍这3类地址（图5-2-2）。

（1）A类地址　A类地址的网络标志由第一组8位二进制数表示，A类地址的特点是网络标志的第一位二进制数取值必须为"0"。不难算出，A类地址的第一个地址是00000001，最后一个地址是01111111，换算成十进制就是127，其中127作为保留地址。则A类地址的第一段范围是1～126，A类地址允许有27-2=126个网段（减2是因为0不用，127作为它用），网络

	1	2	3	4	5	6	7	8	9	10	11	12	13	14	15	16	17	18	19	20	21	22	23	24	25	26	27	28	29	30	31
A类	0	网络号							主机号																						
B类	1	0	网络号														主机号														
C类	1	1	0	网络号																					主机号						
D类	1	1	1	0	组播地址																										
E类	1	1	1	1	保留地址																										

图5-2-2　IP地址分类

中的主机标志占3组8位二进制数，每个网络允许有224-2=167万214台主机（减2是因为全0地址为网络地址，全1地址为广播地址，这两个地址一般不分配给主机）。通常将A类地址分配给拥有大量主机的网络。

（2）B类地址　B类地址的网络标志由前两组8位二进制数表示，网络中的主机标志占两组8位二进制数，B类地址的特点是网络标志的前2位二进制数取值必须为"10"。B类地址的第一个地址是10000000，最后一个地址是10111111，换算成十进制的B类地址第一段范围是128～191。B类地址允许有$2^{14}-2=16382$个网段，网络中的主机标志占两组8位二进制数，每个网络允许有$2^{16}-2=65534$台主机，适用于节点比较多的网络。

（3）C类地址　C类地址的网络标志由前3组8位二进制数表示，网络中的主机标志占1组8位二进制数，C类地址的特点是网络标志的前3位二进制数取值必须为"110"。C类地址的第一个地址是11000000，最后一个地址是11011111，换算成十进制的C类地址第一段范围是192～223。C类地址允许有221-2=2097150个网段，网络中的主机标志占1组8位二进制数，每个网络允许有28-2=254台主机，适用于节点比较少的网络。除去00000000和11111111不用外，从00000001到11111110共有254个变化，也就是2^8-2个。

2．几个特殊的IP地址

（1）私有地址　上面提到IP地址在全世界范围内唯一，可能你有这样的疑问，像192.168.0.1这样的地址在许多地方都能看到，并不唯一，这是为何？Internet管理委员会规定如下地址段为私有地址，私有地址可以自己组网时用，但不能在Internet上用，Internet没有这些地址的路由，有这些地址的计算机要上网必须转换为合法的IP地址，也称为公网地址。下面是A、B、C类网络中的私有地址段，在自己组网时就可以用这些地址。

① A类地址段保留地址：10.0.0.0～10.255.255.255。

② B类地址段保留地址：172.16.0.0～172.131.255.255。

③ C类地址段保留地址：192.168.0.0～192.168.255.255。

（2）回送地址　A类网络地址127是一个保留地址，用于网络软件测试及本地机进程间通信，也称为回送地址（Loopback Address）。无论什么程序，一旦使用回送地址发送数据，协议软件立即返回，不进行任何网络传输。含网络号127的分组不能出现在任何网络上。

（3）广播地址　TCP/IP协议规定，主机号全为"1"的网络地址用于广播之用，称为广播地址。广播是指同时向同一子网所有主机发送报文。

（4）网络地址　TCP/IP协议规定，全为"0"的网络号被解释成"本"网络。由上可以看出：①含网络号127的分组不能出现在任何网络上；②主机和网关不能为该地址广播任何寻径信息。由以上规定可以看出，主机号全"0"或全"1"的地址在TCP/IP协议中有特殊含义，一般不用作一台主机的有效地址。

3．子网掩码

从上面的例子可以看出，子网掩码的作用就是和IP地址与运算后得出网络地址，子网掩码也是32bit，并且是一串1后跟随一串0组成，其中"1"表示在IP地址中的网络号对应的位数，而"0"表示在IP地址中主机对应的位数。

（1）标准的子网掩码

① A类网络（1~126）的默认子网掩码为255.0.0.0，255.0.0.0换算成二进制为11111111.00000000.00000000.000000000，可以清楚地看出前8位是网络地址，后24位是主机地址，也就是说，如果用的是标准子网掩码，从第一段地址即可看出是不是同一网络的。例如，21.0.0.1和21.240.230.1，第一段都为"21"，属于A类网络，如果用的是默认的子网掩码，那这两个地址就是一个网段的。

② B类网络（128~191）的默认子网掩码为255.255.0.0。

③ C类网络（192–223）的默认子网掩码为255.255.255.0。

④ B类、C类网络的具体分析同A类网络，在此不再赘述。

（2）特殊的子网掩码　标准子网掩码出现的都是255和0的组合，在实际的应用中还有如下的子网掩码255.128.0.0、255.192.0.0、…，255.255.192.0、255.255.240.0、255.255.255.248、255.255.255.252。而这些子网掩码的出现是为了把一个网络划分成多个网络。

（五）网络互联设备

1. 物理层网络互联的设备

（1）中继器　在以太网中，由于网卡芯片驱动能力的限制，单个网段的长度只能限制在100m，为扩展网络的跨度，就用中继器将多个网段连接起来成为一个网络。由于受MAC协议的定时特性限制，扩展网络时使用的中继器的个数是有限的。在共享介质的局域网中，最多只能使用4个中继器，将网络扩展到5个网段的长度。

中继器主要用于扩展传输距离，其功能是把从一条电缆上接收的信号再生，并发送到另一条电缆上。中继器能够把不同传输介质的网络连在一起，但一般只用于数据链路层以上相同局域网的互联，它不能连接两种不同介质访问类型的网络（如令牌环网和以太网之间不能使用中继器互联）。中继器只是一个纯硬件设备，工作在物理层，对高层协议是透明的。因此它只是一个网段的互联设备，而不是网络的互联设备。

（2）集线器　集线器是具有集线功能多端口的以太网中继器。由于交换机的发展，集线器已经被淘汰。

2. 数据链路层互联设备

（1）网桥　网桥是数据链路层上实现不同网络互联的设备，以接收、存储、地址过滤和转发的方式实现互联网之间的通信，能够互联两个采用不同数据链路层协议、不同传输介质和不同传输速度的网络，分隔两个网络之间的广播通信量，改善互联网络的性能和安全性。网桥需要互联的网络在数据链路层上采用相同的协议。

（2）集线器　集线器是具有集线功能多端口的以太网中继器。由于交换机的发展，集线器已经被淘汰。

（3）交换机　二层交换机（如果没有特殊申明，交换机就是指二层交换机）工作在数据链路层，交换机可以在网络中提供和网段间的帧交换，解决带宽缺乏引起的性能问题，并提高网络的总带宽，在端到端的基础上将局域网的各段及各独立站点连接起来，把网络分割成较小的冲突域。交换机的主要特征有以下几个。

① 交换机为每一个独立的端口提供全部的LAN介质带宽。

② 交换机会在开机后构造一张MAC地址与端口对照表，通过比较数据帧中的目的地址与对照表，将数据帧转发到正确的端口。若收到的数据帧的目的地址不在对照表中，则用广播的方式转发。

③ 交换机可以在同一时刻建立多个并发的连接，同时转发多个帧，从而达到带宽倍加的效果。

由于交换机优良的性能，它极大地提高了局域网的效率，在局域网组网和互联时已必不可少，但是，它也存在不能隔离广播等问题。因此，引入了三层交换技术，进一步改善互联网络的性能和安全性。

3．网络层互联设备

路由器工作在网络层，是对数据包进行操作，利用数据头中的网络地址与它建立的路由表比较来进行寻址。路由器可以用于局域网与局域网互联、局域网与广域网互联及局域网通过广域网与局域网互联。如果互联的局域网高层采用不同的协议，则需要使用多协议路由器。

4．网关

网关用于互联异构网络，网关通过使用适当的硬件和软件来实现不同协议之间的转换功能。

异构网络是指不同类型的网络，这些网络至少从物理层到网络层的协议都不同，甚至从物理层到应用层所有各层对应层次的协议都不同。因此，在网关中至少要进行网络层及其以下各层的协议转换。

（1）路由器和网关的概念　当连接多个网段的主机时，需要使用路由器。路由器分硬件路由器和软件路由器（运行路由软件的主机）两类，其工作原理是相同的，但我们平时所说的路由器一般指硬件路由器。

路由器有两个或两个以上的接口，接口须配置IP地址，且接口IP地址不能位于同一网段，因为路由器的每个接口必须连接不同的网络，各网络中的主机网关就是路由器相应的接口IP地址。路由器在网络中的作用就像交通图中的交换指示牌，用于告诉主机数据是如何通信的。

路由器由于要连接多个网段（网络），所以路由器一般有多个网络接口，这些网络接口除常见的RJ-45口外，也可能是接广域网专线的高速同异步口、接ISDN专线的ISDN口等。

路由器可以用于局域网与局域网互联、局域网与广域网互联及局域网通过广域网与局域网互联，它是一个物理设备。一般局域网的网关就是路由器的IP地址，是一个网络连接到另一个网络的"关口"。

网关（Gateway）又称网间连接器、协议转换器。默认网关在网络层上实现网络互联，是最复杂的网络互联设备，仅用于两个高层协议不同的网络互联。网关的结构也和路由器类似，不同的是互联层。网关既可以用于广域网互联，也可以用于局域网互联。

那么网关到底是什么呢？网关实质上是一个网络通向其他网络的IP地址。例如，有网络A和网络B，网络A的IP地址范围为192.168.1.1～192.168.1.254，子网掩码为255.255.255.0；网络B的IP地址范围为192.168.2.1～192.168.2.254，子网掩码为255.255.255.0。在没有路由器的情况下，两个网络之间是不能进行TCP/IP通信的，即使是两个网络连接在同一台交换机（或集线器）上，TCP/IP协议也会根据子网掩码（255.255.255.0）判定两个网络中的主机处在不同的网络里。而要实现这两个网络之间的通信，则必须通过网关。如果网络A中的主机发现数据包的目的主机不在本地网络中，就把数据包转发给它自己的网关，再由网关转发给网络B的网关，网络B的网关再转发给网络B的某个主机。这就是网络A向网络B转发数据包的过程。

所以说，只有设置好网关的IP地址，TCP/IP协议才能实现不同网络之间的相互通信。那么这个IP地址是哪台机器的IP地址呢？网关的IP地址是具有路由功能的设备的IP地址，具有路由功能的设备有路由器、启用了路由协议的服务器（实质上相当于一台路由器）、代理服务器（也相当于一台路由器），在实际的企业网中，各个VLAN的网关通常是一台三层交换机的逻辑三层VLAN接口来充当。

（2）路由器的主要功能　路由是指把数据从一个地方传送到另一个地方的行为和动作，而路由器，正是执行这种行为动作的机器，它的英文名称为Router，是一种连接多个网络或网段的网络设备，它能将不同网络或网段之间的数据信息进行"翻译"，以使它们能够相互"读懂"对方的数据，从而构成一个更大的网络。

简单来讲，路由器主要有以下几种功能。

① 网络互联。路由器支持各种局域网和广域网接口，主要用于互联局域网和广域网，实现不同网络互相通信。

② 数据处理。提供包括分组过滤、分组转发、优先级、复用、加密、压缩和防火墙等功能。

③ 网络管理。路由器提供包括配置管理、性能管理、容错管理和流量控制等功能。

为了完成路由的工作，在路由器中保存着各种传输路径的相关数据——路由表（Routing Table），供路由选择时使用。路由表中保存着子网的标志信息、网上路由器的个数和下一个路由器的名称等内容。路由表可以是由系统管理员固定设置好的，也可以由系统动态修改；可以由路由器自动调整，也可以由主机控制。在路由器中涉及两个有关地址的名称概念，即静态路由表和动态路由表。由系统管理员事先设置好的固定的路由表称为静态（static）路由表，一般是在系统安装时就根据网络的配置情况预先设定的，它不会随未来网络结构的改变而改变。动态（dynamic）路由表是路由器根据网络系统的运行情况而自动调整的路由表。

路由器根据路由选择协议（Routing Protocol）提供的功能，自动学习和记忆网络运行情况，在需要时自动计算数据传输的最佳路径。

（3）路由器的工作原理　对于普通用户来说，所能够接触到的只是局域网的范围，通过在PC上设置默认网关就可以对局域网的计算机与Internet进行通信，在计算机上所设置的默认网关就是路由器以太口的IP地址，如果局域网的计算机要和外面的计算机进行通信，只要把请求提交给路由器的以太口即可，接下来的工作就由路由器来完成。因此可以说路由器就是互联网的中转站，网络中的包就是通过一个一个的路由器转发到目的网络的。

（4）路由器的分类

① 接入路由器。接入路由器主要连接家庭或服务提供商内的小型企业客户。接入路由

器可以支持SLIP或点到点连接（Point-to-Point Connection，PPC），还支持如PPTP和IPSec（IP安全协议）等虚拟私有网络协议。

② 企业级路由器。企业级路由器连接许多终端系统，其主要目标是尽量以简单的方法实现尽可能多的端点互联，并进一步要求支持不同的服务质量，它们还要支持防火墙、包过滤及大量的管理和安全策略。

③ 骨干级路由器。骨干级路由器实现企业级网络的互联。对它的要求是速度和可靠性，硬件可靠性可以采用热备份、双电源、双数据通路等来获得。骨干级路由器的主要性能瓶颈是在转发表中查找某个路由所耗的时间。当收到一个包时，输入端口在转发表中查找该包的目的地址以确定其目的端口，当包越短或当包要发往许多目的端口时，势必增加路由查找的代价。

（5）第三层交换技术　三层交换是相对于传统的交换概念而提出的。传统的交换技术是在OSI参考模型中的第二层（即数据链路层）进行操作的，而三层交换技术是在网络模型中的第三层实现了数据包的高速转发。简单地说，三层交换技术就是二层交换技术+三层转发技术，三层交换机就是"二层交换机+基于硬件的路由器"。

具有"路由器的功能、交换机的性能"的三层交换机虽然同时具有二层交换和三层路由的特性，但是三层交换机与路由器在结构和性能上还是存在很大区别的。在结构上，三层交换机更接近于二层交换机，只是针对三层路由进行了专门设计。之所以称为"三层交换机"而不称为"交换路由器"，原因就是在交换性能上，路由器比三层交换机的交换性能要弱很多。

路由器的优点在于接口类型丰富，支持的三层功能强大、路由能力强大，适合用于大型的网络间的路由，它的优势在于选择最佳路由、负荷分担、链路备份及和其他网络进行路由信息的交换等路由器所具有的功能。三层交换机的最重要的功能是加快大型局域网络内部数据的快速转发，加入路由功能也是为此服务的。如果把大型网络按照部门、地域等因素划分成一个个小局域网，这将导致大量的网际互访，单纯地使用二层交换机不能实现网际互访，如单纯地使用路由器，由于接口数量有限和路由转发速度慢，将限制网络的速度和网络规模，采用具有路由功能的快速转发的三层交换机就成了首选。

二、相关新设备的技术水平及性能指标

卫星式柔印机的总体技术数据见表5-2-2。

表5-2-2　卫星式柔印机总体技术数据

项目	包装印刷用	瓦楞纸板预印刷用	装饰印刷用	薄棉纸印刷用
承印材料范围	薄膜：20~80μm 纸：35~150g/m² 纸板：最厚600g/m²	一般80~300g/m²	一般80~130g/m²	15g/m²以上

续表

项目	包装印刷用	瓦楞纸板预印刷用	装饰印刷用	薄棉纸印刷用
材料（印刷）宽度范围/mm	800~1700	1550~3250（1500~3200）	560~1300	1000~2750
印刷单元数量	2~10个印刷单元，可连线印刷或后加工单元	4~8个印刷单元，可加连线加工单元	最多10个印刷单元，可加连线加工单元	2、4或6个印刷单元
印刷重复长度范围/mm	300~1500（可达3000）	四色：700~3000 六色：700~2000 八色：700~2000 连线印刷：700~3000	380~760（可达1500）	760~1000
最大机械速度（m/min）	350	300	250	1200
最大放卷、收卷直径/mm	薄膜和纸张：800~1200 纸板和纸张：1200~1800	1500	1300	2500

主要参考文献

［1］唐万有，王文凤，刘烨．柔印制版技术［M］．北京：印刷工业出版社，2006．

［2］金银河．柔性版印刷［M］．北京：化学工业出版社，2001．

［3］金银河，李新胜．柔性版印刷技术［M］．北京：化学工业出版社，2004．

［4］赵秀萍，高晓滨．柔性版印刷技术［M］．北京：中国轻工业出版社，2003．

［5］智文广，许文才，智川．柔性版印刷技术问答［M］．北京：化学工业出版社，2006．

［6］梅俊．柔印制版新技术为行业带来新机遇［J］．印刷技术，2017（12）：20．

［7］齐福斌．柔印技术新进展［J］．今日印刷，2016（01）：27-29．

［8］施建屏．在环保政策下前进的中国柔印［J］．印刷杂志，2016（04）：45-48．

［9］蔡成基．柔印版材在国内市场的现状、发展与应用［J］．印刷杂志，2015（10）：53-58．

［10］俞东．数字化柔印新技术革命［J］．印刷经理人，2015（08）：68．

［11］吴阳波，廖发孝．计算机网络原理与应用［M］．北京：北京理工大学出版社，2017．

［12］谢希仁．计算机网络［M］．6版．北京：电子工业出版社，2013．

［13］何小东，曾强聪．计算机网络原理与应用［M］．北京：中国水利水电出版社，2008．

［14］王晓阳，黄永山．柔性版在有氧及无氧条件下的网点评析［J］．印刷杂志，2018（06）：16-20．

［15］许文然，黄永山，章学良．浅谈柔印平顶网点技术［J］．印刷杂志，2017（08）：49-53．

［16］陆玮旻．平顶网点技术的发展与应用［J］．印刷技术，2016（18）：13-16．

［17］柔版印刷的技术创新—高清平顶激光制版技术［J］．中国包装，2015，35（02）：70-72．

［18］陆玮旻，张翼．全高清柔印技术让柔印品质更出色［J］．印刷技术，2014（16）：24．

［19］许文才，刁鸿珍．高清晰柔印与平顶网点制版技术［J］．印刷杂志，2013（07）：34-38．

［20］马兰，宋慧慧．平顶网点制版技术柔印制胜利器［J］．印刷技术，2013（08）：15-17．

［21］候小平等．凹版印刷工（下册）［M］．北京：文化发展出版社，2015．